攻略！

藤根 和晃 [著]

マシニングセンタ作業

技能検定試験

1・2級

学科・実技試験

日刊工業新聞社

まえがき

　いざ技能検定試験を受検しようと決心しても、所属する会社に受検経験者がいない場合、どこから手を付ければいいのか悩む方は少なくないのではないでしょうか。技能検定協会のホームページには過去の問題と解答が公開されていますが、解説は記載されていません。そのため、なぜその答えに至ったのかなど、答えの導き方がわからず悩む場面も多いと思います。また技能検定に関する書籍はほとんどが学科試験の解説のみで、実技試験を解説している既刊書は見受けられないようです。

　本書では、「学科・実技」試験の両方を解説しました。マシニングセンタ作業技能検定の実技では、測定や仕上げ状態の判断、加工条件や段取りの計画立案などが問われます。それぞれの要点を押さえつつ、学習を進めていくうえで、どの章からでも始められるように配慮して構成しました。将来1級を目指す2級受検者のために、実技の判断等試験は1級、2級を分けず一括で記載しました。また、学科に関しては科目ごとに集約し、わかりやすく解説しています。

　執筆のきっかけは、先輩からの電話でした。以前、技能五輪競技委員でご一緒させていただいた方で、「今までの技能検定委員や技能五輪競技委員の経験を生かしてマシニングセンタ技能検定対策の本を執筆してくれないか」とのことでした。当初は、本など書いた経験がなく、時間を取ることも難しかったため、お断りさせていただこうかとも考えました。しかし、同じく委員を務めていた同僚からの強い勧めもあり、お受けさせていただくことにしました。それから間もなく、新型コロナウイルスによる緊急事態宣言で外出自粛の生活に入り、休日も自宅で過ごす時間が多くなり、執筆を進めることができました。また、私の若いときからの師匠である滋賀県の「ものづくりマイスター（おうみの名工）」の先生からご指導いただいたノウハウ、カン・コツも数多く紹介しています。

　「マザーマシン」といわれる工作機械の中でもマシニングセンタはその中核的存在といっても過言でありません。多くの方がものづくりに携われてお

り、実際に長年現場でマシニングセンタ作業に携わっている方でも、技能検定試験は普段の仕事とは違うため、学習をまったくしないで検定試験に挑むと合格は難しいでしょう。現場での作業は『仕事』で、検定は『競技』のようなものだと考えてもらえたら、その理由を理解してもらえると思います。検定試験には仕事ではあまり考えないようなアカデミックな要素も含まれています。本書には過去3年分の問題の解説を記載しました。技能検定試験を受検する多くの方々に読んでいただき、最終的には1級機械技能士になるお手伝いができたら幸いです。

最後に、原稿執筆に際し、貴重な意見をいただいた、滋賀県ものづくりマイスター（おうみの名工）坂井利文氏、元高度職業能力開発促進センター教授小渡邦昭氏、沖縄職業能力開発大学校、近畿職業能力開発大学校指導員の皆さまに深くお礼申し上げます。

2021年4月　　藤根　和晃

目　次

第6章　1級・2級実技試験—判断等試験

第7章　1級実技試験—計画立案等作業試験

第8章　2級実技試験—計画立案等作業試験

第1章　技能検定試験

1.1　技能検定とは

　職業能力開発促進法に基づき、働く人たちの技能を一定の基準によって検定し、これを公証する国家検定が技能検定であり、受検される皆さんの技能と社会的地位の向上を図り、多角化する産業の発展に即応することを目的としている。所轄している中央職業能力開発協会によれば、金属加工関係をはじめ一般機械器具関係、プラスチック製品関係、建設関係などを対象に、現在130の職種で試験が実施されている。

　金属加工関係のなかには機械加工、放電加工、鋳造、鍛造、金属プレス加工、金型製作などが含まれている。機械加工には旋盤作業（普通・数値制御）、フライス盤作業（数値制御を含む）、ボール盤作業などがあり、マシニングセンタ作業もそのなかの一つである。

　技能検定は、「働く人々の有する技能を一定の基準により検定し、国として証明する国家検定制度」である。 技能検定の合格者には合格証書が交付され、合格者は「技能士」と称することができる。

　合格者には、1級及び単一特級は厚生労働大臣から、2級及び3級は各都道府県知事から合格証書と技能士章（バッジ）が交付される。技能士章は、1級は金、2級は銀で、それぞれ中央に「技」の文字が入ったデザインとなっている。

1.2　受検資格

　受検資格は、1級で実務経験7年、もしくは技能検定職種に関する高校卒業で6年経過、大学卒業で4年経過が必要である。2級では実務経験2年、もしくは関連職種に関する高校卒業であれば年数に関係なく受検できる。そのほかに職業訓練校修了などが考慮される制度もある。受検料は最大で学科

試験 3,100 円、機械加工職種実技試験 18,200 円が必要である（令和 3 年度現在）。また、平成 29 年より対象者に限り減免措置がされている。

　対象者とは、大阪府職業能力開発協会の場合、35 歳未満（実技試験実施日が属する年度の 4 月 1 日において 35 歳に達していない者）で、ものづくり分野の技能検定 2 級及び 3 級の実技試験を受検する者である（残念ながら 1 級は減免対象外である）。減免額は最大 9,000 円であるため、「マシニングセンタ作業」の実技試験は 9,200 円で受検できる。例年 3 月上旬に実施公示され、受検申請受付期間は、4 月上旬の 2 週間ほどしかないので注意が必要である。都道府県により若干の違いがあるので、詳細は各都道府県の職業能力開発協会にお問い合わせいただきたい。

1.3　試験の概要

　機械加工「マシニングセンタ作業」試験は、学科試験、2 つの実技試験（判断等試験、計画立案等作業試験）の計 3 科目である。学科試験と実技試験は、それぞれ別の日程で実施される。

　学科試験は、真偽法と多肢択一法を併用した客観的な試験である。真偽法とは、問題文を読んでその問題文が正しいか間違っているかを判断するもので、多肢択一法とは、選択肢の中から正解を一つ選び出すというものである。この方法が採用された理由は、出題範囲からまんべんなくたくさんの問題を出題することができ、全般にわたって知識を有する者に有利であり、ヤマをかけることを防げるからである。さらに、採点者の個人的な判断も採点に影響しない。

　実技試験は、マシニングセンタ作業を遂行する現場で必要な知識と判断力を求めるものである。判断等試験は、表面粗さや測定などカン・コツを含む内容が主になっており、計画立案等作業試験は、段取りや加工条件の計算が多く出題されている。

　本書は 1 級、2 級に分けて記載し、受検する等級に応じて学習できるようにした。出題傾向は、ここ数年大きな変化はなく、本書に記載した 3 年分の問題をこなせば合格に近づけるであろう。また、1 級・2 級の出題範囲は、内容も含め一部に違いはあるもののほぼ同等であるため、受検する級にかか

わらず 1 級及び 2 級の両方を学習することをお勧めする。

1.4 出題数及び合否基準

問題出題数は次のとおりである。

①学科試験：1 級・2 級とも真偽法 25 問、多肢択一法 25 問。

②実技試験（判断等）：1 級は 6 問、2 級は 4 問。

③実技試験（計画立案等）：1 級は 9 問、2 級は 8 問。

合格基準は、正式には公表されていないが 100 点満点で、学科・実技とも 60 点以上である。合格率は都道府県や受検年度によって多少違いがみられるが、大阪府を例に出すと 1 級は約 60 ％、2 級は約 50 ％である。

1.5 学科試験の範囲

技能検定試験においては、1 級は該当する職種における上級の技能者が通常有すべき技能の程度を基準とし、2 級は中級の技能者が通常有すべき技能の程度を基準としている。このようにレベルは等級づけされているが、試験科目及び出題範囲はほぼ同じである。

学科試験の範囲については、詳細が数ページにわたって公開されている。これを見ると範囲はかなり広くて焦点を絞ることは難しいように思える。ただ出題傾向などから勘案すると、整理は可能である。まとめた内容を**表**に示す。本書ではその内容に基づいて章立てをしている。

1.6 実技試験の範囲

実技試験においては、判断等試験と計画立案等作業試験があることは先に記した。判断等試験では、1 級は課題 1 から課題 6 までの 6 項目、2 級は課題 1、課題 2、課題 5、課題 6 の 4 項目が出題範囲である。共通する課題においては、等級による難易度に差はみられない。

課題 6 は、試験会場に準備されたマシニングセンタ及び測定具などを使用して、実際に作業して課せられたテーマに応じた課題を行う。試験会場ごと

表　学科試験科目及びその範囲

試験科目	範　　囲	内　　容
真偽法	1. マシニングセンタの種類、構造、機能及び用途	マシニングセンタ（MC）の特徴及び用途／MCを構成する主軸駆動装置、送り装置、切削工具取り付け装置などの構造及び機能／数値制御装置や操作盤などの機能／MCに使用される治工具などの種類及び用途、取扱い　　など
	2. マシニングセンタプログラミング	MC加工に関わるプログラミングについて以下の項目の詳細な知識を問う。工具経路図の作成及び切削条件の決定／ツールリストの作成／プロセスシートの作成／プログラムの入力　　など
	3. 切削工具の種類及び用途	切削加工時に使用するエンドミルやバイト、ドリルなどの種類、並びに形状、各部の名称、刃先角度、材質、用途／加工方法などの知識　　など
	4. 切削材料の種類及び用途、切削加工条件	機械材料に関する幅広い知識が問われる／切りくずの形状及び構成刃先、せん断角、切削抵抗、切削速度、送り、切り込み、切削工具の摩耗、工具補正など、切削加工条件における計算ができる知識を求める　　など
多肢択一法	1. 工作機械加工一般	旋盤やフライス盤、ボール盤、マシニングセンタなどに代表される工作機械の特徴や機械を構成する要素などについて幅広く問う／各種工作機械の主要部分の名称並びに大きさの表し方、主軸受、案内面など構造、種類、機能などについて一般的な知識を問う　など
	2. 油圧制御一般	油圧機器の種類及び特徴、用途など／日本産業規格（JIS）に記載されている油圧図記号の名称や意味　　など
	3. 切削加工用治具一般	切削加工に用いられる治具の種類や特徴、材質など／治具に用いられる部材やその材質　　など
	4. 測定法・品質管理	マイクロメータやダイヤルゲージなど測定器の特徴及び使用用途、種類、構造、測定範囲、精度、使用方法など／特性要因図及びヒストグラム、パレート図などQC7つ道具の名称及び特徴、用語の意味　　など
	5. 機械要素	機械の主要構成要素であるねじ及び歯車、カム、軸受、ボルトなどの種類、形状、特徴、用途などについて幅広い知識を問う　　など
	6. 仕上げ・材料・検査	ケガキ作業用工具の名称及び種類、特徴、用途、使用方法など／鉄鋼材料及び非鉄材料の名称、特徴など／非破壊検査など検査方法の種類、特徴　　など
	7. 力学・製図	単位など基本的な事項のほか、荷重や応力など力学に関する一般的な知識、JISの図示法に規定されている投影及び断面、線の種類、寸法記入法、仕上げ記号などについて一般的な知識を問う　　など
	8. 電気	電流及び電圧、電力など電気用語に関する一般的な知識を問う／電動機の特徴や使用方法など／電気制御の特徴など
	9. 安全衛生	機械加工作業における安全衛生に関する詳細な知識を問う／機械加工作業に関係する労働安全衛生法関係法令について詳細な知識を問う　　など

4

にマシニングセンタは異なるので、事前にチェックできるよう試験前に機械公開日が設けられている。

　計画立案等作業試験では、1級は9問の課題が出題される。このうち問題3、4、9のプログラムの読解は時間を要するので注意すること。これら3問は、現場でのプログラムの不具合を発見する能力を試すための問題である。また計算問題が2問出題されるが、これもプログラムを効率よく考えることができるかを問うものである。

　2級は、8問と1級に比べると出題数は1問少ない。問題中の各設問数も少ないが、内容に関しては1級と同等と考えてよい。解答時間も同じく1時間40分である。問題の中では特にプログラムの読解に時間を要する。

第2章　1級学科試験—A群（真偽法）

2.1　マシニングセンタの種類、構造、機能及び用途

（1）出題傾向

　マシニングセンタの種類から、構造に関する知識まで幅広く要求されている。位置決め制御や付随する関連知識についても習得しておく必要がある。

（2）過去問題とその解説

■**問題1**　H30（平成30年度。以下同じ）

> 　マシニングセンタでは、主軸を回転させないで加工する方法もある。

【解説】

　そのとおりである。形削り盤と同じ要領で、主軸にバイトを固定し、相対運動により削ることも可能である（以下、解答は章末に掲載）。

■**問題2**　H29

> 　日本工業規格（JIS）によれば、面に沿って運動する物体の揺動のうち、運動面に平行で、かつ、運動方向に直角な直線周りの揺動をロールという。

【解説】

　記述は「ピッチ」の説明であり、間違いである（**図2.1.1**参照）。物体の揺動について、JISには以下のように記述されている。

①　ピッチ

　面に沿って運動する物体の揺動のうち、運動面に平行で、かつ、進行方向に直角な直線まわりの揺動

②　ロール

　面に沿って運動する物体の揺動のうち、運動面に平行で、かつ、運動方向

に平行な直線まわりの揺動

③　ヨー

面に沿って運動する物体の揺動のうち、運動面に垂直な直線まわりの揺動

(JIS B 0182)

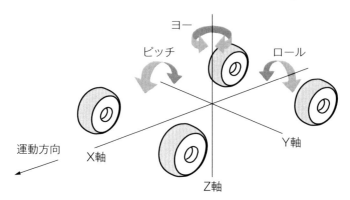

図 2.1.1　ピッチ、ロール及びヨーの動き（自動車でのイメージ）

■**問題3**　H31

マシニングセンタの回転運動軸に用いられる軸名称のB軸は、X軸に平行な軸のまわりの回転軸に使用される。

【解説】

記述はY軸に平行な軸まわりの回転軸であり、間違いである。

マシニングセンタは基本3軸であり、X軸は水平方向、Y軸は垂直方向、Z軸はX軸とY軸がなす平面の奥行方向である。A軸は、X軸を中心として回転する軸のことである。B軸は、Y軸を中心として回転する軸のことである。C軸は、Z軸を中心として回転する軸のことである。

■**問題4**　H30

NC工作機械のX軸に対する回転運動又は旋回運動を表す記号はBである。

【解説】

記述はY軸に平行な軸まわりの回転軸であり、間違いである。X軸を中心

として回転する軸はＡ軸で、前述のとおり。

■問題5　H31

> 位置決め精度とは、目標位置に対する実際に停止した位置の正確さのことである。

【解説】

そのとおりである。位置決め精度について、JIS には以下のように記述されている。

各運動軸による位置決めにおいて、設定した目標位置に対する実際に停止した位置の正確さ、直線運動における位置決めと回転運動における位置決めとがある。また、数値制御による位置決めと、自動停止装置などによる位置決めとがある。　　　　　　　　　　　　　　　　　　　　（JIS B 0182）

■問題6　H29

> NC 工作機械においては、時定数を大きくとると、送りの起動や停止時における機械の応答が遅くなる。

【解説】

時定数は指令速度に到達するまでの時間のことで、工作機械メーカーがパラメータとして設定を行っている。時定数を大きくすると、ゆっくり加減速してショックは小さくなる。

■問題7　H29

> NC 工作機械の主電動機において、交流サーボモータよりも直流サーボモータのほうが、保守性がよい。

【解説】

間違いである。特徴を以下に記す。
直流モータ：小型で大トルク、メンテナンス要、低コスト
交流モータ：高速で大トルク、メンテナンスフリー

■問題8　H29

> インダクトシンは、電磁方式の位置検出器である。

【解説】

　そのとおりである。インダクトシンは、サーボモータに付ける装置で、回転角度で交流信号として取り出して、サーボ回路へ速度情報を送るものである。

■問題9　H30

> 　NC工作機械において、モータのトルクが機械系に働いても、機械系が一種のバネ成分となって最終のテーブル移動までに至らない状況を、ロストモーションという。

【解説】

　そのとおりである。減速機などでは、バックラッシやねじれが原因で、効率的な力の伝達ができない。ロストモーションは、バックラッシとねじれの合計である。

■問題10　H29

> 　日本工業規格（JIS）によれば、「FA用語」のAPCとは、マシニングセンタ、ターニングセンタなどの数値制御工作機械において、工具マガジンなどから必要な工具を選択し、自動的に交換する装置のことをいう。

【解説】

　記述は、自動工具交換装置（ATC）の説明であるため、間違いである。APCは自動工作物交換装置のことであり、工作物を自動的に供給、排出しかつ正確に位置決めをするために工作物に取り付けたパレットを自動的に交換する装置である。

■問題11 H31

> サイクロイド歯形は、歯先から歯元までのすべり率が一定である。

【解説】

　そのとおりである。サイクロイド歯形の特徴として以下の2点が挙げられる。

　①インボリュート歯形に対して、歯元の面積が大きいため、強度が高い。噛み合う歯同士に、まったく干渉が発生しない。

　②丸い歯形を持つ歯車であり、加工が難しい。トルクの伝達効率が高い。

■問題12 H31

> オープン・ループ制御方式とは、光学式スケールやマグネスケール等を使用して、位置検出を行う制御方式である。

【解説】

　記述は「クローズド・ループ制御」の説明であり、間違いである。

　各種NC工作機械に利用されている、サーボ機構の制御方式は3方式ある。

① オープン・ループ制御（図2.1.2）

　NC装置からの指令により、パルス（ステッピング）モータが回転をすると、歯車やカップリングでつながれているボールねじが回転し、テーブルや

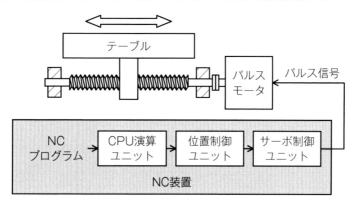

図2.1.2　オープン・ループ制御の構成

刃物台が移動する。安価で構造が簡単であったことから、以前は使用されていたが、現在のNC工作機械では、使用されなくなっている。

② セミクローズド・ループ制御（図2.1.3）

　NC装置からの指令により、サーボモータおよびボールねじが回転して、テーブルや刃物台が移動する。モータに取り付けられた検出器（エンコーダ）により位置・速度を検出し、その情報をフィードバックして、指令値と比較しながら制御を行う。

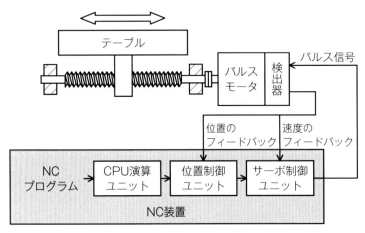

図2.1.3　セミクローズド・ループ制御の構成

③ クローズド・ループ制御（図2.1.4）

　位置情報は、各移動軸に対して平行に設置した読取りスケール（リニアスケール）で検出し、機械が動いた位置を直接読み取る。熱膨張やボールねじの誤差などの影響を考慮した高精度な制御が可能となった。現在のNC工作機械に用いられている制御方式である。

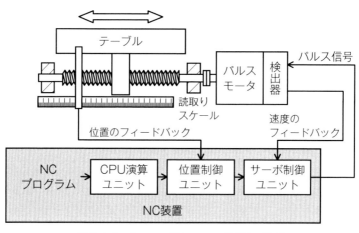

図 2.1.4　クローズド・ループ制御の構成

■問題 13　H29

> 日本工業規格（JIS）によれば、マシニングセンタの工具交換時間とは、加工領域内の基準位置から交換すべき工具を移動させ始めたときから、交換した次の工具をその基準位置に位置決めし終わるまでの時間のことをいう。

【解説】

そのとおりである。工具交換時間は、CTC（cut-to-cut tool change time）で表される。JIS には以下のように記述されている。

基準位置より交換すべき工具を移動させ始めたときから、交換した次の工具をその基準位置に位置決めし終わるまでにかかる時間と、定義されている。

（JIS B 6339-9）

■問題 14　H31

> ツールプリセッタは、主に工具の摩耗状況を検査するための装置である。

【解説】

間違いである。加工で使用する工具を機外でセットし、ツールプリセッタを用いて、工具長や工具径を測定するものである。測定した値を用い、機械に入力する。

■問題 15　H31

> 日本工業規格（JIS）によれば、工作機械の主軸に推奨する釣合の良さの等級は G2.5 である。

【解説】

そのとおりである。

JIS B 0905　各種回転機器に関しての釣合い良さの等級

釣合いの良さは、比釣合いの大きさ e ［mm］ と、ローターの実用最高角速度 ω ［red/s］ との積 ［mm/s］ で表す。

　　　釣合い良さ＝e×ω

等級は　G0.4（精密研削盤のといし軸級）、G1（音響機器の回転部など）、G2.5（ガスタービンや発電機ロータなどの軸など）がある。

2.2　マシニングセンタプログラミング

（1）出題傾向

マシニングセンタにおいて使用する NC コードやプログラミングに関する知識が必要となる。また、固定サイクルについても多く出題されており、指令の方法についても習得しておく必要がある。

（2）過去問題とその解説
■問題 1　H30

> 周速一定制御とは、旋削加工などにおいて、加工径に応じて切削速度を一定に保つように主軸の回転速度を制御することである。

【解説】

そのとおりである。周速一定制御は、「切削速度一定制御」ともいう。NC旋盤において、主に外径、内径加工時に使用される機能である。反対に、加工径によらず一定の回転で制御する、「回転数一定制御」もある。

■問題２　H29

> 　インクレメンタル方式とは、プログラムの原点を基準にして、この原点から
> の座標値を用いてプログラムする方式である。

【解説】

　記述は、アブソリュート方式（絶対値指令）の説明であるため、間違いで
ある。インクレメンタル方式は、現在値を基準にしてプログラムを作成する
方式である。相対値指令ともいう。

■問題３　H30

> 　準備機能のうち G02 は、反時計回りの円弧補間機能である。

【解説】

　記述は間違いである。G02 は時計回りの円弧補間機能で、G03 が反時計
回りの円弧補間機能である。

■問題４　H30

> 　G04（ドウェル）は、フィードホールド、インターロックとして使用させる。

【解説】

　記述は間違いである。G04（ドウェル）は、自動運転中に指令すること
により、指定した時間だけプログラムの進行を停止させる機能である。その間
は、主軸やクーラントは停止しない。フィードホールドは、実行した瞬間、
動きは止まるが、移動中の残移動などは維持されるため、再開したい場合は、
起動ボタンを押す。インターロックは、扉があいているときに動作し、自動
運転をできなくする機能である。

■問題５　H29

> 　準備機能の G コードにおける G06 は、ドウェルを意味する。

【解説】

ドウェルを意味するコードは、「G04」であるため間違いである。

■問題6　H30

マシニングセンタ等におけるプログラムでは、一つのプログラムの中に複数のプログラム原点（加工原点）を設定し、異なった原点でプログラムをすることができる。

【解説】

そのとおりである。一般的には、ワーク座標系（G54〜G59）を6カ所、原点を設定することができる。軸移動を行う前に、ワーク座標系を指令することにより、原点を変えながら加工することができる。

■問題7　H29

NC工作機械におけるノーズR補正とは、刃先に円弧をもつ非回転工具において、プログラムされた工具位置と実際の刃先輪郭との差の補正のことをいう。

【解説】

そのとおりである。実際の工具刃先には、まるみ（ノーズR・コーナー半径）がついている。しかし、プログラムを作成するときには、仮想刃先の動きで指令するのが一般的である（**図2.2.1**）。そのため、X軸やZ軸に平行あるいは垂直な部分ではプログラムどおりの加工が行われるが、テーパ切削や円弧切削などでは、プログラム上の工具指令点と刃先の切削点が異なるため、削り残しや削りすぎを生じる（**図2.2.2**）。このため、プログラムされた工具位置と実際の刃先輪郭との差を補正する必要がある。

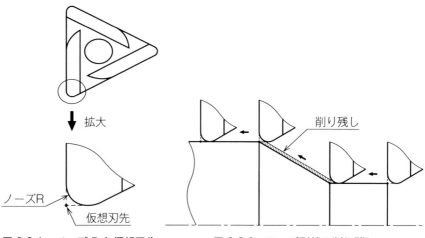

ノーズR
仮想刃先
削り残し

図 2.2.1　ノーズ R と仮想刃先　　　図 2.2.2　テーパ形状の削り残し

■**問題 8**　H30

> 　工具径補正─左（G41）とは、工具の相対的な運動方向に向かって加工面の
> 左側を工具中心が通るような工具径補正のことである。

【解説】

　そのとおりである。工具径補正とは、NC プログラムで指令した座標より、
登録した値（工具半径＋仕上げ代）分ずれた軌道で動かすための機能である。
工具径補正を使用していないときの軌道は刃物の中心が、プログラムで指示
した座標を動くことになる。

■**問題 9**　H31

> 　下記プログラムは、ZX 平面で時計回りの円弧補間を行う。
> 　G91　G19　G02　X50.0　Z0　I25.0　K0　F100.0

【解説】

　記述の G19 は YZ 平面指定であるため、間違いである。
　平面指定　G17：XY 平面　G18：ZX 平面　G19：YZ 平面
　円弧補間　G02：時計回り　G03：反時計回り

マシニングセンタでドリルによる深穴切削を行う場合、ドリルの折損防止の方法の一つとして、深穴固定サイクルを使用し、ステップフィードの距離を短くする方法がある。

【解説】

そのとおりである。マシニングセンタの穴加工用固定サイクルは３種類ある（**図2.2.3**）。G81 は穴加工サイクルで加工時間が最も短い。G73 は高速深穴サイクルといい、間欠送り（ステップフィード）を行うことにより、切りくずを裁断する。G83 は深穴サイクルといい、各加工ごとに指定されたR点（リファレンス点）まで戻ることにより、切りくずの除去、刃先への切削油の供給などの効果があるが、一番加工時間が掛かる。

ステップフィードは１回当たりの切り込み量を示す。この値を短くすることにより、１回当たりの切り込み量が小さくなり加工負荷が軽減され、ドリルの折損防止につながる。

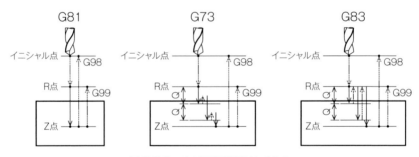

図 2.2.3　穴加工用固定サイクル

■問題 11　H30

下記のプログラムは、連続 10 個の穴あけを行うプログラムである。

G91 S560 M03；

G81 X10.000 Z-50.000 R-10.000 F40 L10；

G80；

G00 X-100.000 M05；

M02；

（アドレスＬは繰返し回数を意味する）

【解説】

そのとおりである。

G91　S560　M03；（相対値指令・回転数指令・主軸正回転）

G81　X10.000 Z-50.000R-10.000F40 L10；（固定サイクル・繰り返し10回）

G80；（固定サイクルキャンセル）

G00X-100.000M05；（位置決め補間・主軸停止）

M02；（プログラム終了）

■問題12　H31

日本工業規格（JIS）によれば、G09は「プログラムされた点に近づいたとき、プログラムされた速度から自動的に速度を減少させるモード」と規定されている。

【解説】

そのとおりである。G09（イグザクトストップ）は、コーナー精度を確保するための指令である。高速送りの場合、角のコーナーを近回りしてしまうため、インポジションチェックを行ってから、次のブロックを実行する機能である（**図2.2.4**）。

イグザクトストップで
インポジションチェックを行い、
次のブロックを開始

高速加工の場合、
近回りしてしまう

図2.2.4　G09の機能

■問題 13　H31

> 日本工業規格（JIS）によれば、G94 とは、送り量の単位を主軸 1 回転あたりのミリメートル（インチ）として与える指令である。

【解説】

記述は G95 の説明であるため、間違いである。

G94：毎分当たりの送り指令［mm/min］

G95：毎回転当たりの送り指令［mm/rev］

■問題 14　H31

> M00、M01、M02、M06、M30 は一般に、どの機械でも共通に使用する M コードである。

【解説】

そのとおりである。

M00：プログラムストップ　　M01：オプショナルストップ

M02：プログラム終了　　　　M06：工具交換

M30：プログラム終了（リワインドあり）

■問題 15　H30

> 補助機能コード M30 は、エンドオフプログラム機能のほかに、プログラムの先頭に戻る機能がある。

【解説】

M02 及び M30 は、ともにプログラム終了の機能であるが、M30 は問題のとおり、プログラム終了とともに、プログラムの先頭に戻る（リワインド）機能がある。

■問題 16　H31

> NC プログラミングのブロックを選択的に飛び越したい場合には、そのブロ

ックの最初に、機能キャラクタ "/"（スラッシュ）を付加する。

【解説】

　そのとおりである。制御盤の「ブロックデリート」機能を ON にしておく
と、"/" の置かれたブロックは飛ばして実行するようになる。「ブロックデ
リート」機能が OFF の場合は、"/" の置かれたブロックであっても実行す
ることになる。

■問題 17　H30

　自動加減速とは、切削時の負荷の大小により、送り速度を変化させる機能で
ある。

【解説】

　自動加減速は、高送り加工に対応して、コーナー部のダレ、サーボモータ
や加減速回路の遅れに対応するものであるため、記述は間違いである。

■問題 18　H30

　NC 工作機械でマシンロックを使用すれば、制御軸を移動させずに、プログ
ラムを実行することができる。

【解説】

　そのとおりである。NC 機能のマシンロックを ON にすることにより、す
べての軸移動がロックされて動かなくなる機能である。プログラムチェック
などのときに使用する。類似機能で「Z 軸無視」という機能を工作機械によ
っては搭載しているものもある。

■問題 19　H29

　CL データ（カッターロケーションデータ）とは、自動プログラミングシス
テムによって求められた工具経路のデータのことである。

【解説】

　そのとおりである。カッターロケーションデータ（ツールパス）は、CADで作成されたモデルデータを CAM に取り込み、加工条件などのパラメータを与えることで求められた工具軌跡情報のことである。

■問題 20　H29

> 日本工業規格（JIS）によれば、ポストプロセッサは、NC 工作機械に合ったマシンプログラムを作るコンピュータ（ハードウェア）の一部である。

【解説】

　ポストプロセッサは、CAD/CAM ソフトに搭載されており、NC プログラムを作成するためのものであるため、間違いである。

■問題 21　H31

> CAM ソフトで作成されたツールパス（カッターロケーションデータ）は、ポストプロセッサによって NC データに変換される。

【解説】

　そのとおりである。CAM（Computer Aided Manufacturing：コンピュータ支援製造）は、CAD で作成された形状を、「使用工具」「加工速度」「工具の軌跡」などの情報を設定すると、「ツールパス（カッターロケーションデータ）」という、工具軌跡情報を作成する。この情報は、CAM 独自のものであるため、「ポストプロセッサ」により、使用する機械の制御装置で読み取れるように変換させる。

■問題 22　H30

> CAM におけるポストプロセッサは、NC 装置や NC 工作機械の種類に関係なく共通である。

【解説】

　CAM におけるポストプロセッサは、使用する工作機械の制御に依存する

ため、間違いである。使用する際は、制御の仕様に合わせたポストプロセッサを使用する必要がある。

2.3　切削工具の種類及び用途

(1) 出題傾向

　マシニングセンタを用いた切削加工時に使用する工具（エンドミルやドリルなど）に関する知識が問われており、各工具の各部の名称や特徴、加工方法についての知識が必要となる。

(2) 過去問題とその解説

■問題1　H29

> 　日本工業規格（JIS）によれば、「フライス用語」のセグメントとは、分割構造の刃部を含むボデー全体又は部分の分割要素のことをいう。

【解説】

　そのとおりである。

■問題2　H31

> 　日本工業規格（JIS）では、高速度工具鋼ドリルのチゼルエッジの偏心の公差には、規定がある。

【解説】

　そのとおりである。穴あけ開始時、ドリルはチゼルエッジの中央から被削材に接触し、切削開始時にはチゼルエッジを中心に回転を行い、切れ刃による切削が開始される前後に、振れ回りが発生する。切削時のドリルの中央部は、被削材を押しつぶすようになり、切削抵抗の50〜70％を発生させている。チゼルエッジはドリル加工において重要であるため、偏心量について規定がなされている（**図2.3.1**）。

チゼル

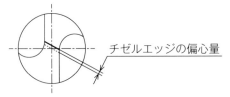

チゼルエッジの偏心量

チゼルエッジの偏心の公差 　　　　単位　mm

項目	直径 D	公差	
		精級	並級
チゼルエッジの偏心（tc）	0.2 以上 0.49 以下	—	—
	0.49 を超え 1.99 以下	0.02	—
	1.99 を超え 3.0 以下	0.02	0.04
	3.0 を超え 10.0 以下	0.03	0.05
	10.0 を超え 18.0 以下	0.04	0.08
	18.0 を超え 32.0 以下	0.06	0.12
	32.0 を超え 75.0 以下	—	0.15
	75.0 を超え 106.0 以下	—	0.2

注：「—」はチゼルエッジの偏心の公差を規定しない。

図 2.3.1　チゼルエッジの偏心量公差の規定

■問題3　H29

　　シンニングは、ドリルの先端部の心厚を部分的に小さくすることで切削抵抗の減少等の効果が得られる。

【解説】

　そのとおりである。ドリルの心厚は剛性と切くずの排出性に影響を及ぼす。

切削抵抗　小 剛性　　　小 切くず排出　良	小さい　　　　大きい ← 　心厚　 → 	切削抵抗　大 剛性　　　大 切くず排出　悪い

■問題4　H29

日本工業規格（JIS）で規定されているマシンリーマには、先端に約45°の食付き角がある。

【解説】

そのとおりである。マシンリーマについて JIS では以下のように記述されている。

マシンリーマ：テーパシャンクチャッキングリーマの刃長を長くした機械作業用リーマ。食付き角は約45°である。　　　　　　　　（JIS B0173）

■問題5　H30

エキスパンションリーマは、刃部の長さの調整ができるリーマである。

【解説】

エキスパンションリーマは調整用リーマであり、刃部の直径を調整できる構造となっているため、記述は間違いである。

■問題6　H30

右刃左ねじれエンドミルで加工するとき、軸方向の力は、工具が抜ける方向に作用する。

【解説】

間違いである。ねじれの向きによって切りくずの排出方向が変わる。

右刃右ねじれ：切りくずが上方向に排出される。

右刃左ねじれ：切りくずが下方向に排出される。

通常のエンドミルは、「右刃右ねじれ」である（**図 2.3.2**）。

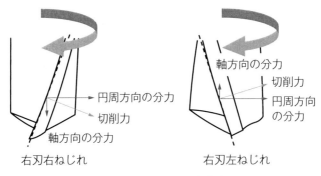

図2.3.2　刃のねじれ向き

■**問題7**　H31

> ステンレス鋼やニッケル合金のタップ加工では、鋳鉄の場合より、ねじ下穴径を小さくするのが一般的である。

【解説】

　記述は間違いである。ドリルで下穴をあける場合、ドリルの形状・精度・使用条件・被削材の材質などにより、ドリルの加工穴の仕上がり寸法が影響される。ステンレス鋼やニッケル鋼は比較的粘っこい材質のため、精度が許される範囲では、タップの負担を軽減する意味でも、下穴は大きくするのが一般的である。

■**問題8**　H30

> 等径ハンドタップの食付き部の山数は、先タップ7〜10山、中タップ3〜5山、上げタップ1〜3山となっている。

【解説】

　そのとおりである。手でタップを立てる際には「ハンドタップ」を用いる。ハンドタップはねじ部の径が等しく、食付き部の山数が異なる「等径タップ」と、1番から順次必要径に広げていく「増径タップ」に分けられる。現場では主に「等径タップ」が用いられている。等径タップは、3本1組となっており、食付き部が先タップ（1番）は9山、中タップ（2番）は5山、

上げタップ（3番）は 1.5 山となっている（**図 2.3.3**）。

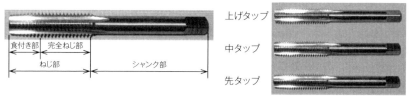

図 2.3.3　ハンドタップ

■**問題 9**　H29

> 　等径ハンドタップの、食付き部長さは、原則として、上げタップ 9 山、中タップ 3 山、先タップ 1.5 山である。

【解説】

　間違いである。ハンドタップは、3 本 1 セットの等径タップが主に使用されている。食付き部の長さは、先タップ 9 山、中タップ 5 山、上げタップ 1.5 山となっている。

■**問題 10**　H30

> 　ポイントタップは、止まり穴のねじ立てに適している。

【解説】

　記述は間違いである。ポイントタップは、切りくずがタップに切られているポイント溝により、工具の進行方向に出るため、貫通穴専用である。止まり穴で使用すると、穴底に切りくずが詰まり、折損などのトラブルの原因となる。逆に、スパイラルタップは、工具の進行方向の逆方向に排出するため、止まり穴で多く用いられる。

■**問題 11**　H29

> 　溝なしタップは、切りくずを出さないで、めねじを加工することができる。

【解説】

　そのとおりである。溝なしタップは、削りながら加工するのではなく、塑性変形によりねじ山を盛り上げて作るタップであり、切りくずが出ない。アクリルやPP（ポリプロピレン）などの樹脂加工に使用されている。

■問題12　H31

> 　切削工具の逃げ角が小さすぎると、びびりの発生の原因となる。

【解説】

　そのとおりである。逃げ角とは、工具が被削材と干渉しないようにつけるため、逃げ角が小さいと、工具が被削材と接触する長さが長くなることから、びびりの原因となる。

■問題13　H29、H31

> 　正面フライスで平面切削する場合、エンゲージ角は、刃先の寿命にほとんど影響を与えない。

【解説】

　エンゲージ角（**図2.3.4**）は工具寿命に影響を与えるため、間違いである。正面フライスによる平面加工の際、被削材に食い付くときの角度（E）をエンゲージ角（食付き角）といい、刃先が被削材から離れるときの角度をディ

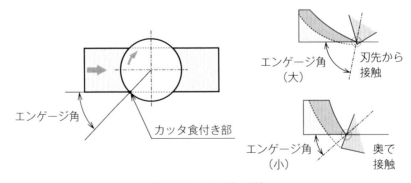

図2.3.4　エンゲージ角

28

スエンゲージ角（DE）という。切削の開始時と、終了時で工具寿命に関係があるため、慎重に検討する。エンゲージ角が大きくなり過ぎると、切れ刃が被削材に食い付く部分では切りくずの厚さが 1 刃当たりの送りよりも薄くなり、被削材が弾性変形しやすくなる。そのため、刃先が大きな衝撃を受け、チッピングなどにつながる。

■問題 14　H30

> 　一般に、エンドミルによる荒切削では、アップカットは指令に対してオーバーカットを生じ、ダウンカットの場合はアンダカットになる。

【解説】

　そのとおりである。

■問題 15　H30

> 　高速度工具鋼 18-4-1 とは、W18 %、V4 %、Cr1 %が含まれることを意味する。

【解説】

　間違いである。高速度工具鋼は「ハイス」と略して呼ばれる。記号はSKHである。ハイスは、切削工具などで用いられるタングステン系と、ドリルなどで用いられるモリブデン系に分けられる。

　高速度工具鋼 18-4-1 は W-Cr-V 系となり、W18 %、Cr4 %、V1 %が含まれる。

■問題 16　H29、H31

> 　セラミック工具は、一般に超硬合金工具よりも切削速度の低い領域で使用される。

【解説】

　切削速度は高い領域で使用されるため、記述は間違いである。セラミック工具は高硬度であり、耐摩耗性に優れ、高速領域で使用する工具である。反面、粘り強さとなる靭性は低く、耐衝撃には弱い工具でもある（**図 2.3.5**）。

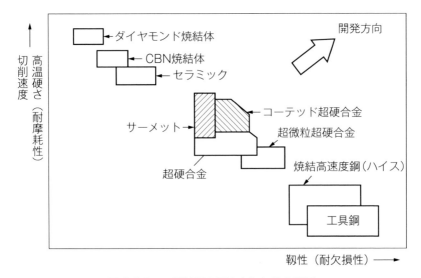

図 2.3.5　工具材種の硬さとじん性の関係

■**問題 17**　H30

> サーメット工具は、一般に超硬工具より靱性が低いため小切込み、小送りで使用される。

【解説】

　そのとおりである。サーメット工具は、主に仕上げ加工（高速加工）に適した工具であるが、最近は靱性を持ち合わせたものも市販されている。

■**問題 18**　H30

> CBN 工具とは、刃部の材料に多結晶立方晶窒化ほう素焼結体を使用した工具のことである。

【解説】

　そのとおりである。CBN は多結晶立方晶窒化ほう素焼結体（Cubic boron nitride）の頭文字をとったもので、ホウ素、窒素からできている人工的に作ったダイヤモンド結晶構造材料である。鉄を含む素材の加工を苦手とする、ダイヤモンドの代替品として、加工現場で使用するようになった。価

格は高価である。

■問題 19　H29

> 　一般に、DLC（Diamond Like Carbon）コーティングは、摩擦特性等の性質がダイヤモンドと似ているが、凝着しやすいアルミニウム合金のドライ加工には不向きである。

【解説】

　間違いである。DLC（Diamond Like Carbon）コーティングは、金属表面にナノレベルの薄膜を作ることで、従来にはない低摩擦係数の表面にすることができるため、摩擦熱の減少、焼付き防止に寄与する。

2.4　切削材料の種類及び用途、切削加工条件

（1）出題傾向

　機械材料に関する知識が問われる。また、切削加工条件（切削速度、送り、切込み）における計算ができる知識が必要となる。

（2）過去問題とその解説

■問題 1　H31

> 　S50C 材の場合、工作物の温度が 1℃上がると、1 m につき 0.1 mm 膨張する。

【解説】

　記述は間違いである。主な金属材料の熱膨張は、次のとおりである（1 m につき 1℃上昇した場合）。

　・構造用鋼（SS400）や炭素鋼（S50C）……約 0.012 mm
　・アルミニウム（A5052 など）……約 0.023 mm
　・ステンレス（SUS304）……約 0.017 mm
　・銅（C1100）……約 0.018 mm

■問題2　H30

> 切削における切りくずの形態は、一般に、流れ形、せん断形、むしり形及びき裂形の4形態に分類される。

【解説】

そのとおりである。**表 2.4.1** に切りくずの形態の分類を示す。

- ・流れ形……すくい面に沿って連続的に生成される切りくず。良好な仕上げ面が得られる。
- ・せん断形……比較的もろい材料の切削時に生成される切りくず。切削力が変動するため、仕上げ面は悪くなる。
- ・むしり形……切りくずがすくい面に粘りついては先にたまり、刃先前方に裂け目が生じる切りくず。
- ・き裂形……鋳鉄など非常にもろい工作物を切削する場合に生成されやすい。

表 2.4.1　切りくずの形態の分類

	流れ形	せん断形	き裂形	むしれ形
形態	せん断面／バイト	バイト	バイト	バイト
状態	連続した切りくず 仕上げ面良好	せん断面でせん断され分離	むしり取ったような切りくず	切削点よりも、進行方向にき裂ができる
被削材	主に鋼の切削	鋼やステンレスの切削	一般鋳鉄、カーボンの切削	鋼や鋳鉄の微小送り切削

■問題3　H29

> 流れ形切りくずは、一般に、もろい被削材に生じやすい。

【解説】

流れ形の切りくずは、一般に軟らかい材質（ねばい）に起こりやすい。もろい材料は、き裂形の形態となる。

■問題4 H30

> 構成刃先は、一般に、刃物のすくい角が大きいほど発生しやすい。

【解説】

　間違いである。構成刃先は、軟鋼やステンレス鋼、アルミニウムなどの柔らかい材料の切削時に発生しやすい。そのまま切削を行うと、仕上げ面が粗くなったり、寸法精度を狂わしたりする原因となる。構成刃先の防止策は、すくい角を30°以上とる、切削速度を速くする、切削油剤を使って冷却して凝着温度以下にするようにするなどがあげられる（**図2.4.1**）。

構成刃先の与える影響

　構成刃先は二次刃先になって切れ刃を保護する役目もするが、一般には構成刃先の発生によって、次のような悪い影響を切削にもたらす。

① 構成刃先の生成・脱落などにより、切込みの深さが変化し、切削抵抗が絶えず変動する。

② 構成刃先の先端部の丸みは成長に従って大きくなる。その結果、仕上げ面の品位を著しく低下させる。

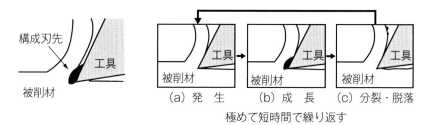

（a）発　生	（b）成　長	（c）分裂・脱落

極めて短時間で繰り返す

図2.4.1　構成刃先（左）と構成刃先の生成（a）（b）（c）

■問題5 H31

> 　送り量と切込み深さを一定にして、切削速度を増加させると、切削抵抗は、切削速度に比例して大きくなる。

【解説】

　記述は間違いである。送りと切込みを変化させずに、切削速度を向上（回転数を上げる）させた場合、刃が一度に切込む量が減少することになるため、

切削速度を向上させた場合、切削抵抗は反比例することになる。

■問題6　H30

> 比切削抵抗は、切削送り速度に比例する。

【解説】

　間違いである。比切削抵抗は、単位面積当たりの切削抵抗値であり、一般に1刃当たりの送り量が多くなれば、比切削抵抗は小さくなる。よって、切削送り速度には反比例する。

■問題7　H29

> φ10 mm（2枚刃）のエンドミルで側面加工を行う場合、切削速度60 m/min、1刃当たりの送り量0.15 mm、円周率3とすると、切削送り速度は300 mm/minとなる。

【解説】

　間違いである。計算式は以下のとおり。
　・主軸の回転数は　$N＝1000×V/(π×D)$ である。
　　　V：切削速度、D：工具直径、π：3
　・切削送り速度は　$F＝f×z×N$ である。
　　　f：1刃当たりの送り、z：刃数
　上記の条件より、
　　　$N＝1000×60/(3×10)＝2000\ min^{-1}$
　　　$F＝0.15×2×2000＝600\ mm/min$

■問題8　H30

> 直径30 mm の4枚刃エンドミルを使って加工する場合、切削速度50 m/min、1刃当たりの送り量を0.15 mm とすると、送り速度は約600 mm/min である。

【解説】

　間違いである。計算式は以下のとおり。

・主軸の回転数は　N＝1000×V/(π×D)である。

　　V：切削速度、D：工具直径、π：約３

・切削送り速度は　F＝f×z×Nである。

　　f：１刃当たりの送り、z：刃数

上記の条件より、

　　N＝1000×50/(3×30)＝約555 min^{-1}

　　F＝0.15×4×555＝約333 mm/min

■問題９　H31

一枚刃ボーリング加工の、理論表面粗さ H（μm）は以下の式にて求められる。

$$H = \frac{f^2}{8 \times R} \times 1000 \quad H = 表面粗さ(\mu m) \quad f = 回転当たりの送り量(mm)$$

$$R = ノーズ R（mm）$$

【解説】

　そのとおりである。一枚刃のボーリング加工の場合、１回転当たりの送り量とノーズＲが理論表面粗さに大きく影響する（**図2.4.2**）。考え方は旋削と同じである。

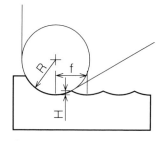

$$H = \frac{f^2}{8R} \times 1000 \ [\mu m]$$

H：理論表面粗さ［μm］
f：１回転当たりの送り量［mm/rev］、R：ノーズR［mm］

図2.4.2　コーナー半径と理論表面粗さの関係

■問題10　H31

工具寿命は、次式で表される。

$$VT^n = C$$

ただし、V：切削速度　　T：工具寿命　　n、C：定数

【解説】

　そのとおりである。テーラによる実験では切削速度Ｖと寿命時間Ｔとの間には、$VT^n = C$ の関係があるとされている。

■**問題 11**　H29

　切れ刃が繰り返し加熱、冷却されることにより発生する損傷を、熱き裂（サーマルクラック）という。

【解説】

　そのとおりである。断続切削を行うと加熱冷却が交互に繰り返される。この温度変化による熱膨張と収縮の影響で発生するき裂を熱き裂という。

2.5　1級学科試験―Ａ群（真偽法）　解答

2.1

番号	1	2	3	4	5	6	7	8	9	10	11	12	13	14	15
解答	○	×	×	×	○	○	×	○	○	×	○	×	○	×	○

2.2

番号	1	2	3	4	5	6	7	8	9	10	11	12	13	14	15	16	17	18	19	20	21	22
解答	○	×	×	×	×	○	○	○	×	○	○	○	×	○	○	○	×	○	○	×	○	×

2.3

番号	1	2	3	4	5	6	7	8	9	10	11	12	13	14	15	16	17	18	19
解答	○	○	○	○	×	×	×	○	×	×	○	○	○	×	○	×	○	○	×

2.4

番号	1	2	3	4	5	6	7	8	9	10	11
解答	×	○	×	×	×	×	×	×	○	○	○

第3章　2級学科試験—A群（真偽法）

3.1　マシニングセンタの種類、構造、機能及び用途

(1) 出題傾向

　マシニングセンタの種類から、構造に関する知識まで幅広く要求されていることは1級試験と同様だが、2級試験の場合は機械制御やプログラミングの記号、名称など、基礎的な知識を問う問題が多い。

(2) 過去問題とその解説

■**問題1**　H31（平成31年度。以下同じ）

> 　日本工業規格（JIS）によれば、マシニングセンタとは、主軸として回転工具を使用し、フライス削り、中ぐり、穴あけ及びねじ立てを含む複数の切削加工ができ、かつ、加工プログラムに従って工具を自動交換できる数値制御工作機械であると規定されている。

【解説】

　そのとおりである。マシニングセンタは、正面フライスやエンドミル、ドリル、タップなどの工具を自動工具交換装置（ATC）を用いて自動交換しながら各種加工を行うNC工作機械である（以下、解答は章末に掲載）。

■**問題2**　H29

> 　NC工作機械の座標軸は、右手直交座標系で表される。

【解説】

　そのとおりである。右手直交座標系は、右手の親指、人差し指、中指をそれぞれX軸、Y軸、Z軸に見立てて、三本指を直交するように曲げたときにできる座標系のこと。工作機械の座標軸は、**図3.1.1**のように表される。

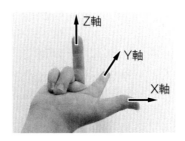

図 3.1.1　右手直交座標系

■**問題 3**　H30

> マシニングセンタの送り駆動系には、位置決め精度をよくするため、一般に、精密研削された台形ねじが使用されている。

【解説】

間違いである。NC 工作機械の駆動系には、高精度な位置決めを必要とするため主にボールねじが使用されている。台形ねじは汎用フライス盤に使用されていたが、最近では同じくボールねじが使用されるようになっている。

■**問題 4**　H29

> 固定番地方式の工具格納装置では、次に使用される工具が主軸に装着された後、返却される工具が空いているどのポケットにでも格納できる。

【解説】

設問は、ランダム方式の説明であるため、間違いである。固定番地方式の工具格納装置は、工具番号とツールポケットの番号が同じであるため、使用した工具は元にあった位置に戻る方式である。

■**問題 5**　H29

> クローズドループ制御方式は、指令の目標と得られた結果とを比較して制御する方式である。

【解説】

そのとおりである。クローズド・ループ制御については、2章 2.1 問題 12（12ページ）を参照のこと。

■**問題6** H29

> エンコーダーには、アブソリュートタイプとインクレメンタルタイプがある。

【解説】

そのとおりである。エンコーダーとは機械的な位置の変化を、位置値としては、回転位置または直線位置をセンサで測定して、電気信号として位置情報を出力する装置である。移動量に応じた数のパルスを出力するインクレメンタル型と検出箇所の絶対位置をデータ出力するアブソリュート型がある。

■**問題7** H29

> 制御装置の機能で、ボールねじのピッチ誤差を補正する機能をバックラッシ補正機能という。

【解説】

記述は、「ピッチ誤差補正機能」の説明であり、間違いである。バックラッシ補正機能は、バックラッシ（すき間）の影響で発生した位置決め指令位置と機械位置の誤差を補正する機能である。

■**問題8** H30

> CNC 装置とは、コンピュータを内蔵した数値制御装置のことである。

【解説】

そのとおりである。CNC とは、コンピュータ数値制御のことで Computerized Numerical Control の頭文字をとったものである。コンピュータによって数値情報で制御を行う。現在は、多くの工作機械で使用されており、CAD/CAM プログラムと連動し、設計から製造まで位置の流れで自動化を可能としている。

ホームポディションは、工具交換又はパレット交換のために用いられる。

【解説】

　そのとおりである。ホームポディションは、機械座標系上の数値制御工作機械の特定の位置のリファレンス点の一つである。工具交換やパレット交換時に使用する位置のことである。

■問題10　H30

PCT とは工具交換時間のことをいう。

【解説】

　記述は間違いである。工具交換時間については、2 章 2.1 問題 13（13 ページ）を参照のこと。"PCT" は、パレット交換時間（pallet change time）のことである。

■問題11　H31

　日本工業規格（JIS）工作機械・操作表示記号の操作用記号によれば、以下の記号は、各個サイクルを表す。

【解説】

　記述は間違いである。この記号は、サイクルスタート（自動サイクル、または単独運動）を表すものである。

■問題12　H31

　日本工業規格（JIS）における工作機械の操作表示記号のうち、下図は「縦送り」を表す。

【解説】

設問の記号は、「横送り」を表す記号であるため、間違いである。

■問題 13　H29

日本工業規格（JIS）における工作機械の操作表示記号のうち、下図は「横送り」を表す。

【解説】

設問の記号は、縦送りを表す記号であるため、間違いである。

■問題 14　H30

送り速度オーバーライドとは、プログラムされた送り速度を、ダイヤル操作等により変更することができる機能のことである。

【解説】

そのとおりである。送り速度オーバーライド（0％～200％）を使用することにより、プログラム中に指令した値を、プログラムを修正することなく、送り速度を調整することができる。テストカットなどでよく用いられる機能である。同様に、主軸オーバーライドもあり、主軸の回転に対して使用されている。

■問題 15　H31

NC 工作機械の運動モードのジョグ送りは、手動によってあらかじめ定められた量だけ移動させることである。

【解説】

記述は間違いである。ジョグ送りは、操作盤にある「ジョグ送り速度」ハンドルにより送り速度を指定し、移動したい軸のボタンを押している間だけ動く機能のことである。

3.2 マシニングセンタプログラミング

(1) 出題傾向

マシニングセンタにおいて使用する NC コードやプログラミングに関する基礎知識が必要となる。固定サイクルについても多く出題されるが、指令の方法などは基礎的なものが中心となっているのが 1 級との違いである。

(2) 過去問題とその解説

■問題 1　H31

> 一般に、ツーリング図は、加工現場においては不要である。

【解説】

間違いである。ツーリング図は、加工するために行う段取り作業において、重要な役目を果たしているもので、工具番号、工具長、工具径、補正番号などが記されており、機械に正しく入力するために用いられている図である。

■問題 2　H30

> G 機能とは、直線補間、円弧補間、ねじ切り機能等の制御動作を指定する準備機能のことである。

【解説】

そのとおりである。G01：直線補間、G02/G03：円弧補間、G84：ねじ切りの動作を指定することができる。

■問題 3　H30

> すべての G 機能は、指令されたブロックでのみ有効である。

【解説】

間違いである。G（準備）機能には、一度指令すると、同じグループの G機能が指令されるまで有効である「モーダル」と、指令されたブロックのみ有効である「ワンショット」がある。

> G 機能において、指令された状態を保持することをモーダルという。

【解説】

　そのとおりである。先に記したように、「モーダル」とは指令された状態を保持することをいう。

■問題5　H31

> 日本工業規格（JIS）によれば、NC 工作機械のプログラムにおいて、主軸回転速度は、S 機能で指令する。

【解説】

　そのとおりである。主軸を制御する S 機能、送り速度を指令する F 機能、加工を補助する M 機能などがある。

■問題6　H29、H31

> EOB は、プログラムエンドを表す。

【解説】

　間違いである。EOB は「End Of Block」の略であり、各ブロックの終わりに指令するものである。記号は“；”（セミコロン）である。プログラムエンドは、M02or M30 を指令する。

■問題7　H30

> NC プログラムにおけるエンドオブブロックキャラクタは、全加工終了を表す。

【解説】

　間違いである。エンドオブブロックキャラクタは“；”（セミコロン）で表し、各ブロックの終わりに指令する。全加工終了を示すのは、M02or M30 である。

■問題8　H30

位置決めの指令方式には、インクレメンタル方式とアブソリュート方式がある。

【解説】

そのとおりである。インクレメンタル方式（相対値指令：Ｇ91）が、現在位置を基準として、移動したい軸と方向で指令を行うのに対し、アブソリュート方式（絶対値指令：Ｇ90）は、原点を基準として、移動したい座標値で指令を行う。

■問題9　H29

日本工業規格（JIS）によれば、準備機能のＧコードにおけるG03は、工具の運動面をそれと直角な軸の負方向に見たときの工具の運動が、円弧に沿って時計方向回りになるように制御する輪郭制御モードのことである。

【解説】

G03は反時計回りの円弧補間機能であるため、記述は間違いである。設問はG02の説明である。

■問題10　H31

日本工業規格（JIS）によれば、「円弧の中心を定義するI、J及びKでアドレス指定した補間パラメータは、半径で指定してもよい」と規定されている。

【解説】

そのとおりである。円弧補間プログラムの例を以下に示す（**図3.2.1**）。
　G03 X60.0 Y60.0 J60.0;　or
　G03 X60.0 Y60.0 R60.0;

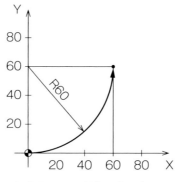

図 3.2.1　円弧補間プログラム

■問題 11　H31

> 　一般に、プログラムされた時間だけ次のブロックに進むことを遅らせる機能をドウェルという。

【解説】

　そのとおりである。次のブロックを遅らせるプログラム例（1 秒間）を以下に示す。

　　G04 X 1.0 ;　or　G04P 1000 ;

■問題 12　H29

> 　ワークの座標系の原点は、機械座標系を基準として任意の位置で設定することができる。

【解説】

　そのとおりである。マシニングセンタなど工作機械は、機械座標系を基準として移動する。しかし、任意の原点を基準にプログラムを作成したほうが操作性や作業性がよい。そのため、ワーク座標系は機械座標系の原点から任意の原点までの各軸の距離を測定・登録することで、任意の原点を設定できるようにしている。

■問題 13 H30

主軸正回転によるエンドミル側面加工において、G41 のプログラムを実行すると、ダウンカットになる。

【解説】

そのとおりである。
- G41 は、工具進行方向の左側にオフセットし、ダウンカットになる。
- G42 は、工具進行方向の右側にオフセットし、アップカットになる。

■問題 14 H31

固定サイクルとは、中ぐり、穴あけ、タップ立てなど、あらかじめ定められた一連の作業シーケンスを一つにまとめたものである。

【解説】

そのとおりである。マシニングセンタで使用される固定サイクルは、1 ブロックの指令で穴あけ加工動作を実行させるものである。穴加工にはドリル加工、タップ加工、ボーリング加工用のサイクルがある。

■問題 15 H31

インボリュート補間とは、指定された平面でインボリュート曲線に沿って工具を動かすために必要な経路を求める機能である。

【解説】

そのとおりである。インボリュート曲線は歯車の歯形などに用いられる曲線で、インボリュート歯形は歯車の中心距離に誤差が多少あっても正しくかみ合うこと、歯形が作りやすく安価に作成することができることなどから、歯車では一般的に使用されている曲線である。

■問題 16 H29

日本工業規格（JIS）によれば、M00（プログラムストップ）は、ブロック内

で指定された動作が完了した後に機能する。

【解説】

そのとおりである。補助機能には、ブロック内で指定された動作が完了した後に機能するものと、指定と同時に機能するものがある。

■問題17　H30

> スキップ機能とは、ブロックの最初に機能キャラクタ、"／" を付加して、このブロックを選択的に飛び越しができるようにする機能である。

【解説】

間違いである。設問の内容は「ブロックスキップ」機能である。スキップ機能（G31：ワンショット）は、センサを使用したワークの芯出しや測定、工具長測定に使用される。「G31 X＿Y＿Z＿F＿;」で指令を行う（X、Y、Zは終点座標、Fは送り速度）。G01と同様の動きをするが、センサに触れると、スキップ信号を出力し、残りの移動を中止して次のブロックを実行する機能である。

■問題18　H29

> NC工作機械のミラーイメージ機能を使用すると、同じプログラムで座標値の正・負を反転させることができる。

【解説】

そのとおりである。ミラーイメージ機能について、JISでは以下のように記述している。

指定した座標軸に対して、マシンプログラム上のディメンションワードの座標値の正・負を反転させる機能。　　　　　　　　　　（JIS B0181）

■問題19　H29

> マシンロックは、M機能、S機能以外のすべての機能をロックする。

【解説】

　記述は間違いである。マシンロックはプログラムチェック時などに利用され、工作機械の制御軸を動作させずにプログラムを実行させることができる機能である。M 機能、S 機能も動作しない。

■**問題 20**　H30

> 　プレイバックとは、手動で工作物に対する工具経路、必要な作業などを教示して、数値制御装置に記憶させ、その作業を再生させることである。

【解説】

　そのとおりである。

■**問題 21**　H30

> 　EXAPT は、自動プログラミングの一種である。

【解説】

　そのとおりである。EXAPT は、2 次元輪郭図形と加工深さ、加工定義を行い、プログラムを作成する自動プログラミングの一つである。

3.3　切削工具の種類及び用途

（1）出題傾向

　マシニングセンタを用いた切削加工時に使用する工具（エンドミルやドリルなど）に関する知識が問われている。設問は 1 級、2 級ともに難易度に差がないため、過去問題に出題された問題とその周辺知識について理解してほしい。

（2）過去問題とその解説

■**問題 1**　H31

> 　二面拘束工具は、スピンドル端面とテーパ部が同時に密着している。

【解説】

　そのとおりである。二面拘束工具（**図 3.3.1**）の特徴は、高剛性や振れの抑制、クランプ時の引き込みを抑え、刃先位置の維持である。

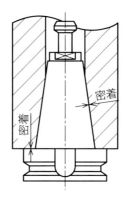

図 3.3.1　二面拘束工具

■問題2　H29、H31

> メタルソーとは、外周面と両側面に切れ刃を持つフライスのことをいう。

【解説】

　記述は間違いである。メタルソーとは、外周面に切れ刃を持つフライスのことである。設問は、サイドカッターの説明である。

■問題3　H30

> ホーニング刃とは、丸み又は小さな面取りを施した切れ刃のことである。

【解説】

　そのとおりである。ホーニング刃（**図 3.3.2**）は、刃先切れ刃の強度を保持するためのものである。欠損率が減少し、工具寿命を延長することができる。

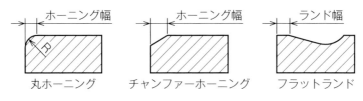

丸ホーニング　　　チャンファーホーニング　　　フラットランド

図 3.3.2　ホーニング刃

■**問題 4**　H30

> スローアウェイチップには、ネガティブレーキタイプとポジティブレーキタイプがある。

【解説】

　そのとおりである。ネガティブレーキタイプには両面型と片面型があり、切れ刃強度が高く、重切削に対応している。ポジティブレーキタイプは片面型で、低切削抵抗である（**図 3.3.3**）。

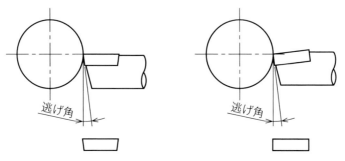

図 3.3.3　ポジティブレーキタイプ（左）とネガティブレーキタイプ（右）

■**問題5** H31

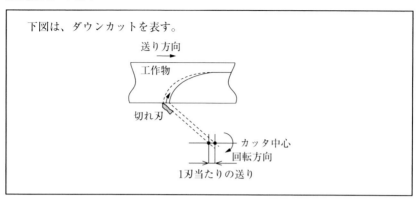

下図は、ダウンカットを表す。

送り方向
工作物
切れ刃
カッタ中心
回転方向
1刃当たりの送り

【解説】

　そのとおりである。ダウンカットは、切削はじめの切込み量が大きく次第に減少していく加工である。また、アップカットは、最小の切込み量から切削が始まり、次第に厚さが増していく加工になる（**図3.3.4**）。

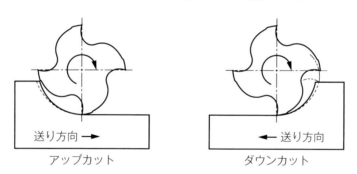

送り方向→　　　　　←送り方向
アップカット　　　　　ダウンカット

図3.3.4　アップカット（左）とダウンカット（右）

■**問題6** H29

　下図に示すチップポケットとは、切削中の切りくずの生成、収容及び排出を容易にするためにバイトに設けたくぼみである。

チップポケット

【解説】

　そのとおりである。チップポケットは、切くずの排出に重要な役割を果たしている。チップポケットが詰まると、異常振動や工具の折損につながる。

■問題7　H30

ポイントタップは、通り穴には適さない。

【解説】

　ポイントタップは、通り穴用のタップなため、設問は間違いである。スパイラルタップが止まり穴用のタップである。

■問題8　H29

溝なしタップは、材料を塑性変形させて、めねじを立てるのに用いる。

【解説】

　そのとおりである。溝なしタップについては、2章2.3問題11（27ページ）を参照のこと。

■問題9　H31

超硬バイトで切削して、チッピングが生じやすい場合には、靭性の高いチップに変えるとよい。

【解説】

　そのとおりである。断続切削などで、靭性が低下するとチッピング（刃欠け）が生じやすくなる。

■問題10　H31

切削工具の逃げ角は、切削抵抗の大小に最も大きく影響を及ぼす。

【解説】

　記述は間違いである。逃げ角の大小は、被削材との摩擦に影響してくる。

それに対し、すくい角は、切りくずの厚さと流れの方向を決める。すくい角を大きくとると、切りくずは厚みが薄くなり、切削抵抗が低下し、刃先強度も低下する。

■問題 11　H30

切削条件が同一ならば、すくい角 20 度のバイトは、すくい角 10 度のバイトより切削抵抗が大きい。

【解説】

間違いである。すくい角が大きくなると、切れ味はよくなり、切削抵抗は小さくなるが、刃先強度は下がる。

■問題 12　H30

ドリルの先端角は、一般に硬質材料の穴あけに対しては小さくし、軟質材料の穴あけに対しては大きくするのがよい。

【解説】

間違いである。ドリルの先端角は一般的に 118° である。先端角を大きくすると刃先強度は高くなるが、被削材への食付きは悪くなる。硬度材へは130°～140° を選択する。先端角を小さくすると、刃先が鋭利になるため、被削材への食付きはよくなるが、刃先強度は下がる。アルミニウムなどの軟質材料は 90° 程度が選択される。

■問題 13　H29、H31

正面フライスの切れ刃におけるアキシャルレーキ角が負の場合は、切削性がよく、溶着しにくい。

【解説】

間違いである。アキシャルレーキ角（**図 3.3.5**）が正の場合、切れ味がよく、切削性が高い。溶着もしにくくなる（**表 3.3.1**）。

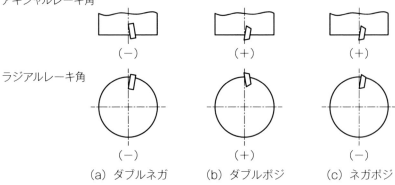

アキシャルレーキ角

ラジアルレーキ角

	(−)	(+)	(+)
	(−)	(+)	(−)
	(a) ダブルネガ	(b) ダブルポジ	(c) ネガポジ

図3.3.5 アキシャルレーキ角とラジアルレーキ角

表3.3.1 アキシャルレーキ角とラジアルレーキ角の特徴

ラジアルレーキ角とアキシャルレーキ角

	ダブルネガティブ型	ダブルポジティブ型	ネガポジ型
アキシャル レーキ角	ネガ（−）	ポジ（+）	ポジ（+）
ラジアル レーキ角	ネガ（−）	ポジ（+）	ネガ（−）
特徴	圧縮作用（押し切り）による破断が生じ、圧縮されたカール状の切りくずが生成される。加工物を強固に保持するなど安定した加工状況で、さらに剛性が高い機械やカッタ本体が必要になる。鋳鉄の加工に適している。	せん断作用が大きく働き切れ刃の上方に向かって軸方向に沿った、つる巻き状の切りくずが生成される。カッタ本体、機械、加工物に対する応力は小さくなり、発生する熱も抑制されるが、刃先の強度は低くなる。	切りくずはうず巻き状にカールし、軸方向に向かって生成される。カッタ本体、機械、加工物に対する影響が少なく、刃先強度、切りくずの排出性、切削性のバランスに優れている。

■**問題14** H31

> 正面フライス加工で重切削を行う場合は、主軸の最大出力（kw）の大きさが重要となる。

【解説】

　そのとおりである。切削抵抗を計算し、主軸の最大出力を超えないように、

切削条件（送りや切込み）を調整する必要がある。

$$Pc = \frac{ap \times ae \times Vf \times Kc}{60 \times 10^6 \times \eta} \text{ [kW]}$$

ap：切り込み［mm］

ae：切削幅［mm］

Vf：1分間当たりのテーブル送り速度［mm/min］

Kc：比切削抵抗［MPa］

η：機械効率係数

■問題15　H31

> エンドミルのすくい角がネガティブ形状のものは、シャープな切れ刃形状により切削抵抗が少なく、一般的に、低速条件においても良好な加工面粗さが得られる。

【解説】

記述は間違いである。以下にその理由を示す。

・ポジティブすくい角：シャープな切れ刃となり、切削抵抗が少なく、低速条件においても良好な加工面粗さが得られる（図3.3.6）。

・ネガティブすくい角：低速条件では切削抵抗が高く、加工面粗さが低下するが、チッピングが発生しやすい高硬度鋼などには、刃先強度が高いネガティブ形状が適している。

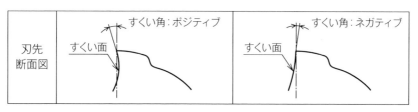

図3.3.6　刃先形状の角度の違い

■問題16　H31

> 一般に、同一の超硬合金製エンドミルで切削するとき、工作物の硬度が高い

ときは、低いときよりも回転数を下げるとよい。

【解説】

　そのとおりである。硬度が高い工作物を加工する際は、切削速度を下げるのが一般的である。切削速度は工具寿命に大きく影響する。切削速度を速くすると、切削温度が上昇し、工具寿命は極端に短くなる。切削速度を 20 ％上げると、工具寿命は 1/2、50 ％上げると 1/5 に低下する。

■問題 17　H31

　キー溝用エンドミルは、溝の拡大・たおれ・曲がりなどを防ぐために、ねじれ角は標準に比べて大きい。

【解説】

　間違いである。一般のエンドミルのねじれ角は 30° に対し、キー溝用のエンドミルは、倒れ量を抑制するために、15° 程度の弱ねじれ角となっている。

■問題 18　H29

　エンドミルを使用してエンドミルの外径と同じ幅のキー溝加工する場合は、2 枚刃よりも 4 枚刃のほうが適している。

【解説】

　間違いである。エンドミルの外径と同じ幅のキー溝を加工する場合、切りくずの排出に注意する必要がある。切りくずを収納するチップポケットは、4 枚刃よりも 2 枚刃のほうが大きいため加工に適している。また、エンドミルのねじれ角が小さい（15°）ものを使用して、倒れに注意する必要がある。

■問題 19　H30

　エンドミル加工において、同じ切削抵抗が作用した場合、エンドミルの突き出し長さを 2 倍にすると、エンドミルのたわみは約 8 倍となる。

【解説】

　そのとおりである。工具の突出し量とたわみについては、長さの3乗に比例する。よって、突出し長さが2倍となれば、たわみは8倍となる。旋盤のバイトの突出しについても同様である（**図3.3.7**）。

　工具を選択する場合は、できる限り太くて、突出しを抑えることが、たわみの抑制につながり能率のよい加工ができる。

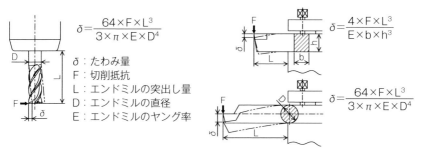

$$\delta = \frac{64 \times F \times L^3}{3 \times \pi \times E \times D^4}$$

δ：たわみ量
F：切削抵抗
L：エンドミルの突出し量
D：エンドミルの直径
E：エンドミルのヤング率

$$\delta = \frac{4 \times F \times L^3}{E \times b \times h^3}$$

$$\delta = \frac{64 \times F \times L^3}{3 \times \pi \times E \times D^4}$$

図3.3.7　エンドミルの突出し量とたわみ（左）およびバイトの突出し量とたわみ（右）

■ **問題20**　H29

エンドミルによる側面加工で、アップカットは、エンドミルの径方向に食い込みやすい。

【解説】

　そのとおりである。側面加工の場合、アップカットは半径方向の切込みが大きいと食込み（オーバーカット）が生じやすく、ダウンカットは削り残し（アンダカット）が発生する。

■ **問題21**　H31

鋳鉄を切削する場合の超硬工具としては、一般に、日本工業規格（JIS）に示すP種が最も適している。

【解説】

　記述は間違いである。**表3.3.2**に超硬工具の種類と特徴、適応被削材について示す。

表 3.3.2　超硬工具の種類と特徴

種類	成分	特徴	適応被削材
P 種	WC-TiC-TaC-Co	耐摩耗性、耐溶着性に優れ、鋼などの切削に適している。	鋼、合金鋼、ステンレス
M 種	WC-TiC-TaC-Co	P 種、K 種の中間の特性を持つ。耐摩耗性及び靭性の両方を備えて、ステンレスなどの切削に適している。	ステンレス、鋳鉄
K 種	WC-Co	圧縮強さ、靭性に優れていて欠けにくい。鋳鉄や非鉄金属の切削に適している。	鋳鉄、非鉄金属、非金属

■**問題 22**　H30

切削工具用超硬合金において、P30 は P10 より耐摩耗性が高い。

【解説】

　間違いである。超硬合金は P 種（鋼系）、M 種（ステンレス）、K 種（鋳鉄、非鉄金属）に分けられる。各種に数字がついているが、P10、P20……P40 となり、数字が小さいほうが耐摩耗性に優れている（**図 3.3.8**）。

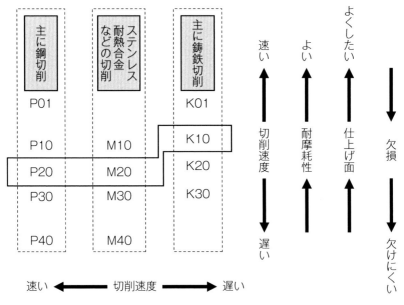

図 3.3.8　各種超硬合金の特徴

> 切削工具用材料において、一般に、超硬合金は、サーメットより高い切削速度で加工ができる。

【解説】

間違いである。サーメット工具のほうが、超硬合金より耐摩耗性に優れているため、高い切削速度で加工することができる。

■問題 24 H29

> 一般に不水溶性切削油剤は、水溶性切削油剤に比べて、冷却効果が高い。

【解説】

間違いである。表 3.3.3 に、水溶性切削油と不水溶性切削油の性能を比較する。水溶性切削油は、冷却性に優れ、浸透性も高く高速切削に向いている。不水溶性切削油は、潤滑性に優れ、加工抵抗の大きい重切削に向いている。

表 3.3.3　各切削油の性能比較

	水溶性切削油	不水溶性切削油
潤滑性	○	◎
冷却性	◎	△
防錆性	△	◎
耐劣化性	×	○

◎：優　○：良　△：可　×：不向き

3.4　切削材料の種類及び用途、切削加工条件

（1）出題傾向

機械材料や工具材種に関する知識が問われる。この分野は、毎年 5 問程度出題されており 1 級・2 級ともに難易度に差はないため、1 級の問題にも挑戦して理解を深めてほしい。

(2) 過去問題とその解説

■問題 1　H30

> 　工作物がアルミニウムの場合は、鋼の場合より、加工中に熱膨張に対する配慮が必要である。

【解説】

　そのとおりである。アルミニウムは、鋼に対して倍近く熱膨張するため、切削熱に対する配慮が必要である。

■問題 2　H30

> 　一般に鋳鉄は、流れ形の切りくずが出る。

【解説】

　記述は間違いである。鋳鉄はき裂型、またはむしれ型の切りくずの形態となる。

■問題 3　H30

> 　構成刃先を抑制するには、切削速度を上げる。

【解説】

　そのとおりである。構成刃先の抑制方法は、

　①切削速度を上げる。

　②送り・切込みを上げ、切削熱を上げる。

　③すくい角を大きくする。

　④適切な切削油を用いる。

　⑤親和性の低い工具材種にする。

などがあげられる。

　（コーティング材種：アルミニウム加工は DLC コーティング、鋼加工はサーメット材種にする）

> エンドミルによる側面切削において、仕上げ面粗さを向上させるには、一刃
> 当たりの送り量を大きくとればよい。

【解説】

間違いである。エンドミル切削時の理論仕上げ面粗さを表す式のとおり、
仕上げ面を向上させる場合は、送り速度を下げるため、回転数及び刃数が同
じなら、一刃当たりの送り量は下げる必要がある（**図3.4.1**）。

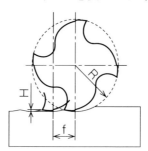

図3.4.1　エンドミル

$$H=\frac{f^2}{8R}\times1000\,[\mu m]$$

H：理論表面粗さ［μm］

f：一刃当たりの送り量［mm/刃］　R：エンドミル半径［mm］

■問題5 H30

> 工具摩耗は、同じ工具材質と被削材であれば、切削条件に関わりなく一定で
> ある。

【解説】

間違いである。工具摩耗は、切削条件における切削速度に大きく影響を受
ける。切削速度を20％高くすると工具寿命は50％減、50％高くすると
80％減になってしまう。

3.5 2級学科試験—A群（真偽法） 解答

3.1

番号	1	2	3	4	5	6	7	8	9	10	11	12	13	14	15
解答	○	○	×	×	○	○	×	○	○	×	×	×	×	○	×

3.2

番号	1	2	3	4	5	6	7	8	9	10	11	12	13	14	15	16	17	18	19	20	21
解答	×	○	×	○	○	×	×	○	○	○	○	○	○	○	○	×	○	×	○	○

3.3

番号	1	2	3	4	5	6	7	8	9	10	11	12	13	14	15	16	17	18	19	20	21	22	23	24
解答	○	×	○	○	○	○	×	○	○	×	×	×	×	○	×	○	×	×	○	○	×	×	×	×

3.4

番号	1	2	3	4	5
解答	○	×	○	×	×

第4章　1級学科試験─B群（多肢択一法）

4.1　工作機械加工一般

（1）出題傾向

　各種工作機械の特徴や機械を構成する要素について、マシニングセンタにおける加工法だけでなく、機械加工全般の知識が広く問われている。

　各種工作機械について、切削関連、切削油剤の知識、潤滑についての知識が各一問ずつ出題される傾向がある。また、1級では刃先交換用チップの予備記号など、より深い内容を問う問題が見受けられるのでしっかりと学習すること。

（2）過去問題とその解説

■**問題1**　H31（平成31年度。以下同じ）

> 　電解加工機に関する記述のうち、誤っているものはどれか。
> イ　工作物を電気分解によって加工する。
> ロ　電解液中において、工作物を陰極につなぎ通電する。
> ハ　電極の材料の一つには、真鍮がある。
> ニ　電解液には、一般に、硝酸ソーダ、硝酸カリウム等が用いられる。

【解説】

　工具を−極、被加工物を＋極として、間隙に電解液を流しながら直流電圧をかけて加工する。電解作用を用いた難削材加工（高硬度）を行う。被加工物に熱応力はかからない（以下、解答は章末に掲載）。

■**問題2**　H30

> 　次の工作機械と適用する加工内容の組合せとして、適切でないものはどれか。

［工作機械］	［加工内容］
イ　放電加工機	超硬合金の穴加工
ロ　ブローチ盤	穴のセレーション加工
ハ　ホーニング盤	円筒内面の仕上げ加工
ニ　超仕上げ盤	定盤のきさげ加工

【解説】

　放電加工機：工作物が導体であれば、切削工具では対応できないような硬い金属も加工することができる。工具を電極として、工作物の間にアークを発生させることにより加工する工作機械である。

　ブローチ盤：ブローチという、大量生産用の総形工具を用いて穴内径やキー溝加工などを行う工作機械である。

　ホーニング盤：円筒状の砥石を回転と往復運動により、工作物に押し当てて仕上げていく機械である。穴の内面加工をすることが多い。

　超仕上げ盤：砥石を用いて、超仕上げ加工を行う機械。ホーニング盤よりもなめらかな仕上げ面を得ることができる。

■**問題3**　H29

　ブローチ盤に関する記述として、正しいものはどれか。
イ　といしを用いて加工する機械である。
ロ　工作物の表面や穴の内面にエンドミルを使用して加工する機械である。
ハ　荒刃と仕上刃とを組み合わせた多数の切れ刃を寸法順に配列した工具を使用して、工作物の表面又は穴の内面を加工する機械である。
ニ　主軸と共に回転するバイトで、前もってあけられた下穴をくり広げる機械である。

【解説】

　ブローチ盤とは、ブローチという工具を使って、加工物の表面や穴の内面をさまざまな形に加工する工作機械である。（二）は中ぐり盤の説明である。

> 切削及び研削に関する記述のうち、誤っているものはどれか。
> イ　ドリルのシンニングは、切削抵抗を小さくするのに有効である。
> ロ　ヘールバイトは、切りくず処理のコントロールに有効である。
> ハ　エンドミルのニックは、切りくずを分割するのに有効である。
> ニ　研削といしのドレッシングは、といしの表面に新しい切れ刃を再生させ
> 　　るのに有効である。

【解説】

　ヘールバイトは、食い込みとビビリを避けるために、負荷を吸収するように、ばねの動きをする形状になっている。切りくずをコントロールするものではなく、負荷の変動の対応する形状となっているため、誤りである。

■問題5　H30

> 　日本工業規格（JIS）によれば、次に示す刃先交換チップの呼び記号の構成
> 要素の名称として、誤っているものはどれか。
> S　N　M　G　12　04　08
> ①　②　③　④　⑤　⑥　⑦
> イ　①の「S」は、形状記号を示す。
> ロ　②の「N」は、逃げ角記号を示す。
> ハ　④の「G」は、溝・穴記号を示す。
> ニ　⑦の「08」は、厚さ記号を示す。

【解説】

　日本工業規格（現・日本産業規格、法改正に伴い2019年7月1日より改称。略称は同じJIS）によると、スローアウェイチップの呼び番号の構成は、
①チップの形状…C：ひし形80°、T：正三角形、S：正方形　など
②チップの逃げ角…N：0°、G：30°、A：3°　など
③精度…コーナー高さや内接円、厚さの許容差の等級
④チップの溝・穴記号…M：穴あり、円筒穴、ブレーカー画面
⑤切刃長さ…12：切り刃長さ12mm
⑥厚み記号…04：チップの厚み4.76mm

⑦コーナー半径：08：半径0.8mm
となっている。

■**問題6** H29

> 切削又は研削工具に関する記述として、正しいものはどれか。
> イ 研削といしの3要素とは、と粒、結合剤及び気孔のことをいう。
> ロ 切削用超硬質工具材料のP10は、P40よりもじん性が高い。
> ハ 内丸フライスは、凹R削り用である。
> ニ ドリルには、刃先に近づくほど細くなるようにテーパが付けられている。

【解説】
　研削といしの3要素は、と粒、結合剤、気孔である（**図4.1.1**）。（ロ）の
P10とP40では数字の小さいほうが耐摩擦に優れ、大きいほうは靭性が高
い。（ニ）ドリルは、シャンクに近づくにつれ、細くなるようにテーパがつけ
られている。

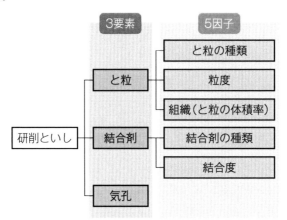

図4.1.1　研削といしの3要素・5因子

■**問題7** H31、H29

> 文中の（　　）内に当てはまる語句の組合せとして、適切なものはどれか。
> 水溶性切削油剤は、水で希釈して使用する切削油剤で、日本工業規格（JIS）

において、（　①　）に区分されており、（　②　）を主目的に使用され、
（　③　）に適している。

	①	②	③
イ	3種類	冷却効果	高速切削
ロ	2種類	潤滑効果	高速切削
ハ	3種類	潤滑効果	低速切削
ニ	2種類	冷却効果	低速切削

【解説】

　水溶性切削油剤は、日本産業規格（JIS）において、3種類に区分され、主目的は冷却性のため、高速切削に適している（**図4.1.2**）。

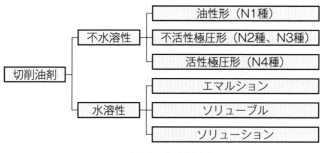

図4.1.2　切削油剤

■ **問題8**　H30

切削油剤に関する記述として、誤っているものはどれか。
イ　切削油剤には、切削時の温度上昇を抑える冷却作用がある。
ロ　切削油剤には、不水溶性切削油剤と水溶性切削油剤とがある。
ハ　不水溶性切削油剤は、低速切削や精密切削には適さない。
ニ　日本工業規格（JIS）によれば、不水溶性切削油剤は、4種に分類されている。

【解説】

　不水溶性切削油剤は、優れた潤滑性を有し低速重切削に適している。また、高速精密切削におけるミスト加工にも使用されているため、設問の（ハ）は誤りである。

■問題9 H31、H29

日本工業規格（JIS）によれば、潤滑方式に関する記述として、誤っているものはどれか。
- イ 油浴潤滑は、しゅう動面の一部を永久的に又は周期的に液体潤滑剤のバスの中に浸す潤滑方式である。
- ロ 滴下潤滑は、油差しで給油口などから給油する潤滑方式である。
- ハ オイルミスト潤滑は、空気又は他の気体の流れの中に潤滑剤を注入することによって作られたミスト又は霧状の潤滑剤をしゅう動面へ供給する潤滑方式である。
- ニ パッド潤滑は、毛細管特性をもつ湿り気のある材料のパッドを接触させ、液状潤滑剤をしゅう動面へ供給する潤滑方式である。

【解説】

油浴潤滑は低速・中荷重向きであり、オイルミストは気体の流れの中に注入し、ミストまたは霧状の潤滑剤を摺動面へ供給する。パッド潤滑は、湿り気のある材料のパッドを接触させて潤滑を行う。滴下潤滑は、高速・中荷重向きであり、給油器を用いて油を滴下させ湯霧で充満させる方法であるため、油差しで行うものではないことから、誤りである。（ロ）は、手差し給油の説明である。

■問題10 H30

潤滑に関する記述として、誤っているものはどれか。
- イ 高速で回転する軸受は、軸受部に封入されるグリースの量が多いほど、発熱は少ない。
- ロ 噴霧潤滑は、グリース潤滑方式に比べると冷却効果に優れている。
- ハ 潤滑剤は、摩擦抵抗を減らし、焼付きを防止する効果がある。
- ニ 極圧添加剤を加えた潤滑剤は、金属表面に極圧膜を形成し、金属表面を保護する。

【解説】

グリースを高速で回転する箇所に用いる場合、使用量が多くなると、逆に抵抗となり発熱の原因となるため注意が必要である。

4.2 油圧制御一般

(1) 出題傾向

油圧制御に関しては、機器の特徴と、JIS 図記号が問われている。過去に出題された JIS 図記号は必ず覚えておきたい。

(2) 過去問題とその解説

■問題 1 H31

日本工業規格（JIS）によれば、油圧に関する記号と名称の組合せとして、誤っているものはどれか。

イ　油圧ポンプ　　ロ　可変絞り弁　　ハ　圧力計　　ニ　リリーフ弁

【解説】

圧力計の記号は ⌀ であるため、（ハ）は誤りである。

■問題 2 H30

油圧駆動に関する記述のうち、誤っているものはどれか。
イ　無段階の変速が可能である。
ロ　小さな装置で大きな出力が得られる。
ハ　作動油の潤滑性により機器が耐久性に優れる。
ニ　作動油の温度によって速度が変化しない。

【解説】

油圧機器の特徴は、小型で強い力を得ることができ、速度調整が容易であること。制御がしやすく、遠隔操作も可能である。作動油の温度が低いと粘度が高くなり、吸込み不良や流量が低下する。また、温度が高くなると、粘度は低くなり、潤滑不足や圧力損失が生じる。

　日本工業規格（JIS）の「油圧・空気圧システム及び機器―図記号及び回路図―第1部：図記号」によれば、名称と記号の組合せとして、誤っているものはどれか。

イ　シャトル弁　　　ロ　チェック弁　　　ハ　リリーフ弁　　　ニ　減圧弁
　　　　　　　　　　　　（ばね付）　　　　（直動形又は
　　　　　　　　　　　　　　　　　　　　　一般記号）

【解説】

　（ニ）は流量調整弁（可変絞り弁）である。可変絞り弁については、5.2 問題2の解説（109ページ）を参照のこと。

4.3　切削加工用治具一般

(1) 出題傾向

　切削加工時に用いられる治具の種類と特徴について問われる。用いられている治具の材質についても理解しておく必要がある。出題の傾向としてブッシュとスクロールチャックについて問う問題が出題されている。

(2) 過去問題とその解説

■問題1　H31

　日本工業規格（JIS）のジグ用ブシュの種類として含まれていないものはどれか。
　　イ　固定ブシュ
　　ロ　可動ブシュ
　　ハ　差込みブシュ
　　ニ　固定ライナ

【解説】

　JIS B 5201ジグ用ブッシュは固定ブシュ、差込みブシュ、固定ライナに

定義される。ドリルやリーマの案内（ガイド）として使用する。設問に含まれないのは可動ブッシュである。

■**問題2** H30

> スクロールチャックに関する記述のうち、正しいものはどれか。
> イ　ワンピースジョーには、インターナルジョー、エクスターナルジョーがある。
> ロ　リバーシブルジョーでは、工作物の外径のみを把握できる。
> ハ　マスタジョーとは、検査のための精密な爪のことである。
> ニ　インターナルジョーでは、工作物の内径のみを把握できる。

【解説】
　スクロールチャックについて JIS では以下のように記述している。
リバーシブルジョー：トップジョーの一つで、内周端・外周端の取付け方向を変換することによってインターナルジョー及びエクスターナルジョーの両機能を持ったつめ。
マスタージョー：工作物を直接把握するつめを取り付ける受台で、つめの駆動機構と直接かみ合っているつめ。
インターナルジョー：ワンピースジョーの一つで、チャック中心側把握面で棒状工作物を把握するほか、チャック中心側から外周側に向かって階段状に降下する段部で、円筒状工作物の内径を内張り把握する爪。（JIS B 6151）

■**問題3** H29

> 日本工業規格（JIS）のジグ用ブシュに関する記述として、正しいものはどれか。
> イ　差込みブシュの案内には、固定ライナを使用する。
> ロ　固定ブシュには、丸形、切欠き形等の4種類がある。
> ハ　ブシュの材料は、S50C 又は使用上これと同等以上の性能をもつものとする。
> ニ　ブシュの硬さは、35HRC 以下とする。

【解説】

　ブシュに使用される材質には、SCM415、SK3、SKS3、SKS21、SUJ2 の 5 種類が規定されている。硬度は HRC60 程度となっている。

4.4　測定法・品質管理

(1) 出題傾向

　測定器の特徴や用途についての知識が必要となる。品質管理においては、QC7 つ道具に使われるツールについて名称と特徴が問われる。1 級では QC7 つ道具の細かい内容まで問われるためしっかりと覚えておくこと。

(2) 過去問題とその解説

■問題 1　H31

ノギスの測定誤差の要因に関する理論として、誤っているものはどれか。
イ　アッベの原理
ロ　フックの法則
ハ　テイラーの法則（定理）
ニ　ヘルツの法則

【解説】

　ノギスの測定誤差の要因に関する理論として、アッベの原理（被測定物と測定器の目盛線とを同一直線上に置いたとき、測定の誤差をもっとも小さくすることができる）、フックの法則（測定力が加わると圧縮力により縮みが発生する）、ヘルツの法則（測定子と被測定物の接触点では、局部的な弾性変形が生じる）がある。テイラーの法則は、微分積分学で用いるものであるため、誤りである。

■問題 2　H30

ブロックゲージに関する記述として、誤っているものはどれか。
イ　所要寸法をつくる組合せ個数は、できるだけ少なくする。

ロ　使用前は、ガーゼにアルコールやベンジンをしみこませ、測定面の油分を拭き取る。

ハ　使用後は、直ちにリンギングを外すようにする。

ニ　日本工業規格（JIS）によれば、精度により、3等級に分かれている。

【解説】

日本産業規格（JIS）によると、ブロックゲージの精度により、K級、0級、1級、2級の4等級に分類される。

■**問題3**　H29

角度を測定するために用いる測定器として、適切でないものはどれか。

イ　オートコリメータ

ロ　オプチカルパラレル

ハ　サインバー

ニ　ベベルプロトラクタ

【解説】

オプチカルパラレルは、マイクロメータの点検に使用されている。マイクロメータの測定面に、挟んで平行度を測定する。

■**問題4**　H31

パレート図の見方（活用方法）に関する記述として、誤っているものはどれか。

イ　どの項目が最も大きな問題かを見つける。

ロ　問題の多さの順位を知る。

ハ　問題の項目が全体のどの程度を占めているかを知る。

ニ　特定の結果（特性）と要因との関係を系統的に表し、問題の因果関係を整理し原因を追求する。

パレート図の特徴は、要因の中からもっとも重要なものを浮き彫りにすることにある。もっとも起こりやすい欠陥の種類、問題の項目が全体に占める

割合を表すことができる。（ニ）の説明は「特性要因図」を表すものである。

■**問題5**　H30

> 次のうち、サンプルの大きさが一定の場合に、不適合数を評価するための計数値管理図はどれか。
> イ　X 管理図
> ロ　p 管理図
> ハ　c 管理図
> ニ　np 管理図

【解説】

X 管理図は、データが個々の値しか得られないため、群に分けられないときに使う。p 管理図は不良率管理図で、不良個数を検査個数で割った不良率により工程を管理する（不良率、不適合率、欠席率など）。c 管理図は、あらかじめ定められた一定単位中に現れる欠点数で工程を管理する（不適合数、ミス件数など）。np 管理図は、サンプルサイズが一定のとき、不適合品数（不良個数）によって工程を管理する。

■**問題6**　H29

> ヒストグラムに関する記述として、正しいものはどれか。
> イ　計測値の存在する範囲を幾つかの区間に分けた場合、各区間を底辺とし、その区間に属する測定値の度数に比例する面積を持つ長方形を並べた図である。
> ロ　項目別に層別して、出現頻度の大きさの順に並べるとともに、累積和を示した図である。
> ハ　二つの特性を横軸と縦軸とし、観測値を打点して作るグラフである。
> ニ　特定の結果（特性）と要因との関係を系統的に表した図である。

【解説】

（ロ）はパレート図、（ハ）は管理図、（ニ）は特性要因図の説明である。

4.5 機械要素・製図

(1) 出題傾向

　ねじや歯車の規格が問われる頻度が高い。また、歯車やカムの伝達方法の特徴が問われるため知識が広く要求される。軸受の種類と特徴についても問われる。

(2) 過去問題とその解説

■問題1　H31

> ねじに関する記述として、誤っているものはどれか。
> イ　ピッチとは、隣り合ったねじ山の間の距離である。
> ロ　リードとは、ねじのつる巻き線に沿って軸の周りを一周するとき、軸方向に進む距離である。
> ハ　ねじの外径が同じであれば、ピッチが異なっても有効径は同じである。
> ニ　日本工業規格（JIS）によれば、一般用メートルねじのフランク角は、30°である。

【解説】

　メートルねじは、山の高さや有効径はピッチに依存している。そのため、ピッチが違えば、有効径の大きさは変わってくる。

■問題2　H30

> 文中の（　　）内に当てはまる語句として、適切なものはどれか。
> 数値制御工作機械の送りねじとして使用される伝達効率の高いねじは、一般に、（　　）である。
> イ　三角ねじ
> ロ　台形ねじ
> ハ　ボールねじ
> ニ　のこ歯ねじ

【解説】

　工作機械の送りねじとして使用されているのは台形ねじである。ねじ山の角度は 30° である。より精密な送りねじとして、ボールねじが使用される。台形ねじよりも、与圧をかけることによりバックラッシを限りなくとることができる。

■問題3　H29

> 「M48×L4P2—6H—LH」と刻印されたねじ（L4 は Ph4 とも表される）に関する記述として、誤っているものはどれか。
>
> 　イ　呼び径 48 mm のメートル細目ねじである。
> 　ロ　リード 4 mm の二条ねじである。
> 　ハ　等級 6H のめねじである。
> 　ニ　右ねじである。

【解説】

　M48：呼び径 48 mm、L4P2：リード 4 mm、ピッチ 2 mm、6H：ねじ等級、LH は左ねじを示すため、（二）が誤りである。

■問題4　H31

> 　歯車装置に関する文中の（　　）内に当てはまる語句の組合せとして、正しいものはどれか。
> 　（　1　）中心をもった歯車を（　2　）歯車といい、その周辺を公転しながら自転する歯車を（　3　）歯車という。
>
> 　　　　　（1）　　　（2）　　　（3）
> 　イ　　固定　　　太陽　　　遊星
> 　ロ　　移動　　　太陽　　　遊星
> 　ハ　　固定　　　遊星　　　太陽
> 　ニ　　移動　　　遊星　　　太陽

【解説】

　固定中心を持った歯車を太陽歯車といい、その周辺を公転しながら自転する歯車を遊星歯車という。

■問題5　H30

> 　歯車の種類で、平行軸間に回転を伝える歯車対として、誤っているものはどれか。
> 　イ　はすば歯車対
> 　ロ　やまば歯車対
> 　ハ　平歯車対
> 　ニ　すぐばかさ歯車対

【解説】

　歯車の特徴などについて以下に記す。

2軸が互いに平行な歯車

　はすば歯車：歯すじが軸に対して斜めになり、らせん状になったものである。荷重が円滑に移るため、滑らかにかみ合う。このことにより騒音、振動が少ないのが長所である（**図4.5.1**）。

　やまば歯車：向きの異なったはすば歯車を合わせて山形の歯にしたものである。強度が大きく、速度比が大きくても滑らかな高速回転ができる（**図4.5.2**）。

　平歯車：歯すじが直線であり、軸に平行な円筒歯車である回転方向と直角に歯がついてる。このため軸方向に力がかからない（**図4.5.3**）。

2軸が交わる歯車

　すぐばかさ歯車：ピッチ円すいの母線にそって、頂点（2軸が交わる点）に向かって、歯すじのまっすぐな歯を設けた歯車である。交わる2軸間に力を伝えることができる（**図4.5.4**）。

図4.5.1　はすば歯車

図4.5.2　やまば歯車

図4.5.3　平歯車

図4.5.4　すぐばかさ歯車

> 次の歯車用語に関する記述のうち、誤っているものはどれか。
> イ　モジュールとは、歯数を基準円直径で除した値をいう。
> ロ　中心距離とは、歯車対の軸間の最短距離をいう。
> ハ　歯末のたけとは、歯先円と基準円との半径方向の距離をいう。
> ニ　歯厚とは、一つの歯の両側の背円すい歯形の間にある基準円の弧の長さ
> 　　をいう。

【解説】

歯車でモジュールはピッチ円直径を歯数で除した値のため、誤りである。

■問題7　H31

> 滑り軸受と転がり軸受との比較に関する記述として、誤っているものはどれ
> か。
> イ　転がり軸受のほうが、動力損失が大きい。
> ロ　転がり軸受のほうが、軸受幅を小さくできる。
> ハ　転がり軸受のほうが、起動摩擦が小さい。
> ニ　転がり軸受のほうが、規格化され互換性がある。

【解説】

転がり軸受には、内輪と外輪の間にある玉やころと呼ばれる丸棒が組み込まれており、玉やころの転がりによって、軸の摩擦の抵抗を低減する。高速回転に強く、規格があるため互換性のある部品が入手しやすい。滑り軸受は、軸と軸受の面が直接接触する仕組みを持っており、軸の動きは面で支えられている。振動に強く、構造が簡単で小型、省スペースで設計が可能とである。高速回転・衝撃荷重に対する耐性に優れており、油膜により回転を支える。

■問題8　H30

> 文中の（　　　）内に当てはまる数値の組合せとして、正しいものはどれか。
> 転がり軸受の基本動定格荷重とは、一群の同じ呼び番号の軸受を同一安定条

件で（　①　）回転させたとき、そのうちの（　②　）％の軸受が転がり疲労によるフレーキングを起こさない荷重をいう。

	①	②
イ	10^6	10
ロ	10^6	90
ハ	10^{10}	10
ニ	10^{10}	90

【解説】

　基本動定格荷重は100万回転である。基本定格寿命は、同一条件で回転させたとき、その90％（信頼度90％）が転がり疲れによるフレーキングを生じることなく回転できる総回転数のことである。

■問題9　H29

　日本工業規格（JIS）のＯリングに関する記述として、誤っているものはどれか。
　イ　運動用Ｏリングを表す記号はＰである。
　ロ　固定用Ｏリングを表す記号はＧである。
　ハ　Ｏリングの材質は、合成ゴムを主体としたゴム状弾性体をもつ高分子材料である。
　ニ　製品試験における太さ（断面直径）は、測定値における最大値を採用する。

【解説】

　Ｏリングの製品試験における太さ（断面直径）は、測定値における最小値を採用することと規定されている。

■問題10　H31

　次の文中の（　　　）内に当てはまる数値として、正しいものはどれか。
　円周を3等分するときのコンパスの開きは、円の半径に（　　　）をかけるとよい。
　イ　0.87
　ロ　1.25

ハ　1.73

ニ　2.56

【解説】

2：$\sqrt{3}$＝r：X　→　$\sqrt{3}r/2$＝X　これの2倍だから$\sqrt{3}r$

X：円周/3の半分

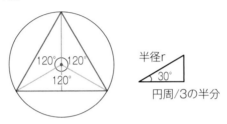

図4.5.5　円周を3等分する考え方

4.6　仕上げ・材料・検査

(1) 出題傾向

　仕上げについては、ケガキの方法が問われ、使用する器工具の名称と特徴が問われる。特にヤスリの種類は出題頻度が高い。材料については、鉄鋼材料と非鉄材料について名称と特徴、材料試験についても知識が必要となる。非破壊検査の種類や特徴、表面処理の方法についても出題される。

(2) 過去問題とその解説

■問題1　H30

　けがき作業における工作物の据付け方法に関する記述として、誤っているものはどれか。

　イ　基準面が加工済みの場合は、その基準面を直接定盤上に置く。

　ロ　基準面が仕上がっていて、定盤上に直接置くことが不都合なときは、金ますやアングルプレート等を使用する。

　ハ　長い丸棒類のけがきを行う際は、2個を1組としたVブロックを使ってけがき作業を行う。

　ニ　基準面が加工されていない鋳造品や鍛造品等は、豆ジャッキを使用して

80

原則4点支持で行う。

【解説】

　基準面が加工されていない鋳造品など凹凸がある面を、豆ジャッキを用いて支持する場合は、原則3点支持で行う。

■問題2　H29

　鋳造部品のけがき作業に関する記述として、誤っているものはどれか。
　イ　黒皮等に最初に施すけがきを一番けがきという。
　ロ　いったん加工された面を基準にして行うけがきを二番けがきという。
　ハ　トースカンで工作物にけがき線を引く場合、トースカンの針先は、引く方向に対して直角に当てるのがよい。
　ニ　けがき作業で基準面となるべき面に凹凸がある場合は、可能な限り3点支持とするのがよい。

【解説】

　トースカンで工作物にけがき線を引く場合、トースカンの針先は引く方向に対して、少し斜めに鋭角になるように当てるのが望ましいため、（ハ）が誤りである。

■問題3　H31

　日本工業規格（JIS）によれば、タップに関する記述として、正しいものはどれか。
　イ　1番タップとは、増径タップのうちで最初のねじ立てに使用するタップである。
　ロ　仕上げタップとは等径ハンドタップのうちで、食付き部の山数が1～3山のタップである。
　ハ　中タップとは等径ハンドタップのうちで、食付き部の山数が6～8山のタップである。
　ニ　上げタップとは、増径タップのうちで最後の仕上げに使用するタップである。

【解説】

　ハンドタップは、先（1番）・中（2番）・上げ（3番）という種類に分けられている。1番タップは最初のねじ立てに使用し、食付き部の長さは9山である。次に2番タップを使用する。食付き部の長さは5山である。仕上げは3番タップで、食付き部の長さは1.5山となっており、穴の底近くまで加工することができる。

■問題4　H30

> 　きさげ作業に関する記述として、誤っているものはどれか。
> イ　きさげには、しゅう動部分の油だまりを作る目的もある。
> ロ　平きさげは、主に平面のすり合わせに使用される。
> ハ　ささばきさげは、主に円筒内面のすり合わせに使用される。
> ニ　あたりには、赤と黒があり、仕上げ段階では赤あたりで見るのがよい。

【解説】

　きさげ作業は、荒きさげで赤あたり（定盤に塗った光明丹が加工物に転写されて赤くなる）、仕上げきさげで黒あたり（加工物に光明丹を塗って、定盤とすり合わせると、高いところが黒くなる）を見るため（ニ）は誤りである。

■問題5　H29

> 　手仕上げ作業に関する記述として、誤っているものはどれか。
> イ　鉄工やすりで硬い材料を加工するときは、単目よりも複目のほうが適している。
> ロ　ささばきさげは、主として、平面のすり合わせに使用される。
> ハ　平たがねは、主として、平面のはつりや薄板の切断などに使用されている。
> ニ　等間隔の偶数刃のリーマと不等間隔の奇数刃のリーマでは、不等間隔の奇数刃のリーマのほうがびびりが起きにくい。

【解説】

　ささばきさげはスクレーパーともいわれ、穴の内径を手仕上げする際に使用される。

　次の金属表面処理のうち、一般に、皮膜を形成するための処理でないものは
どれか。
　イ　溶融めっき
　ロ　クロメート処理
　ハ　ブラスト処理
　ニ　金属溶射

【解説】

　ブラスト処理は、表面に粒子を当てて、その表面に凹凸を設けることで摩
擦面を作って、摩擦抵抗を得られるようにするものである。

■問題 7　H30

　板金工作法に関する記述として、誤っているものはどれか。
　イ　一枚の板から継ぎ目のない底のある容器を作り出す方法の一つに、打出
　　　しがある。
　ロ　灸すえとは、ひずみ取りの一種である。
　ハ　直角に二方面に折曲げを行うときには、割れ止め穴をあけるとよい。
　ニ　スプリングバック量は、曲げられる板の厚みや材質に関係しない。

【解説】

　スプリングバックとは、板を曲げたのち、圧力を取り除くと曲げた角度が
戻ってしまう現象で、曲げ加工の際には必ず起こる現象である。板厚や材質
（薄い板やステンレスは大きい）によっても、スプリングバックの量が変わ
る。

■問題 8　H29

　金属表面処理のうち、耐食効果がないものはどれか。
　イ　溶融めっき
　ロ　クロメート処理

ハ　酸洗い

ニ　金属溶射

【解説】

　酸洗いとは、金属製品などを酸性の液体に浸し、表面に付着した酸化物を除去することである。酸化被膜や錆などを取り除く目的がある。

■問題9　H31

> 文中の（　　）内に当てはまる語句として、適切なものはどれか。
>
> 一般に、セラミックスは、炭素鋼よりも（　　）が低い。
>
> イ　耐熱性
>
> ロ　耐摩耗性
>
> ハ　じん性
>
> ニ　断熱性

【解説】

　セラミックスの主な特徴は、耐熱性（3000℃）及び耐摩耗性、耐食性、絶縁性、断熱性である。炭素鋼よりは靭性（ねばさ）は低い。

■問題10　H30

> 文中の（　　）内に当てはまる語句として、適切なものはどれか。
>
> Cr18％、Ni8％を含有するステンレス鋼は、一般に、（　　）と呼ばれ、耐食性に優れ、化学工業用をはじめ建設用、家庭用など広範囲に使用されている。
>
> イ　マルテンサイト系ステンレス鋼
>
> ロ　フェライト系ステンレス鋼
>
> ハ　オーステナイト系ステンレス鋼
>
> ニ　析出硬化系ステンレス鋼

【解説】

　クロムを18％、ニッケルを8％含有するステンレス鋼（18-8ステンレス）はオーステナイト系で、SUS304と呼ばれている。耐食性に優れてい

る。マルテンサイト系ステンレス鋼は SUS420 で強度がある。フェライト系ステンレス鋼は安価で磁性がある SUS430 である。析出硬化系ステンレス鋼は高価で特殊であり、高強度・高硬度化させたもので、あまり使われていない。

■問題 11　H29

日本工業規格（JIS）におけるニッケルクロムモリブデン鋼鋼材を表す材料記号はどれか。
　イ　SCM
　ロ　SUS
　ハ　SNCM
　ニ　SUJ

【解説】
　SCM はクロムモリブデン鋼で、SUS はステンレス鋼、SUJ は軸受鋼である。

■問題 12　H31

鋼材の焼入れ作業において、焼割れの原因として、誤っているものはどれか。
　イ　形状の肉厚に急変があるとき。
　ロ　焼入れ後、すぐ焼戻しをしなかったとき。
　ハ　加熱温度が低過ぎたとき。
　ニ　焼なましをせずに、焼入れを繰返したとき。

【解説】
　焼割れの原因としては、①焼入れ温度が高すぎる、②冷却方法の誤り、③焼入れ直後に焼戻しをしていないことがあげられる。よって、（ハ）は誤りである。

■問題 13 H30

焼なましの目的に関する記述として、誤っているものはどれか。
イ　加工性を改善する。
ロ　硬さを向上させる。
ハ　成分を均質化させる。
ニ　内部応力を除去する。

【解説】

　焼なましの目的は、内部組織を均質化することで加工性の向上を狙っている。硬さを向上させるのは焼入れである。焼入れ後にねばさをもたせるために、焼戻しを行うのが通例である。

■問題 14 H29

日本工業規格（JIS）の鉄鋼用語（熱処理）によれば、表面硬化処理でないものはどれか。
イ　浸炭焼入れ
ロ　窒化
ハ　高周波焼入れ
ニ　サブゼロ処理

【解説】

　サブゼロ処理は、鋼の熱処理方法の一種である。焼入れ後、ドライアイスや液体窒素などを用いて 0 ℃以下に冷却する。サブゼロ処理を施すことで、硬度の均一化や耐摩耗性の向上、組織をマルテンサイトに変えることによりオーステナイトよりも経年変化を抑えられるようになる。

■問題 15 H31

　文中の（　　）内に当てはまる語句の組合せとして、正しいものはどれか。
　非破壊試験において、主として表面の傷や欠陥を検査するには、（　①　）や（　②　）が適し、内部の欠陥を検査するには、（　③　）や（　④　）が適

する。

	①	②	③	④
イ	浸透探傷試験	磁粉探傷試験	超音波探傷試験	放射線透過試験
ロ	超音波探傷試験	浸透探傷試験	磁粉探傷試験	放射線透過試験
ハ	磁粉探傷試験	超音波探傷試験	浸透探傷試験	放射線透過試験
ニ	超音波探傷試験	放射線透過試験	浸透探傷試験	磁粉探傷試験

【解説】

非破壊試験について説明する。

・浸透探傷試験（PT）：材料表面部にある欠陥を、容易に目視できるようにするために、毛管現象及び知覚現象を利用し、より拡大した像にして表面部に開口している傷を検知する。

・磁粉探傷試験（MT）：強磁性体を磁化した際、表層部に磁束を妨げる欠陥が存在すると外部に漏れて磁束が生ずる。この漏洩磁束によって吸着された磁粉の模様から表層部の欠陥を検出する方法である。

・超音波探傷試験（UT）：超音波探傷器により電気パルスを超音波探触子の振動子に送信させ、超音波のパルス信号を試験材の内部に伝播させることにより、内部傷の形状や寸法を検知することができる。

・放射線透過試験（RT）：溶接の溶け込み不良やブローホールなど、内部の傷の検出を目的とした方法である。フィルムに結果を保存ができ、信頼性の高い検査方法である。

■問題16　H30

文中の（　　）内に当てはまらないものはどれか。
日本工業規格（JIS）における衝撃試験には、衝撃（　　）の試験方法がある。
イ　引張
ロ　硬さ
ハ　圧縮
ニ　曲げ

4

1級学科試験―B群（多肢択一法）

【解説】

　衝撃試験は、衝撃的な力を加えて、材料のねばり強さ（靭性）、もろさを判定する試験で、負荷の種類より、引張り、圧縮、曲げ、ねじり試験に分けられる。

■**問題17**　H29

> 　文中の（　　）内に当てはまる語句として、適切なものはどれか。
> 　日本工業規格（JIS）の鉄鋼用語（試験）によれば、機械試験の一つに、シャルピー（　　）がある。
> 　イ　引張試験
> 　ロ　衝撃試験
> 　ハ　曲げ試験
> 　ニ　硬さ試験

【解説】

　シャルピー衝撃試験である。

■**問題18**　H31

> 　日本工業規格（JIS）の「鉄鋼用語（試験）」に関する記述として、誤っているものはどれか。
> 　イ　上降伏点とは、初期の過渡的影響（慣性効果）を無視した、塑性降伏する間の最小値をいう。
> 　ロ　引張強さとは、最大引張試験力に対応する応力をいう。
> 　ハ　絞りとは、試験中に発生した断面積の最大変化量で、原断面積に対して百分率で表したものをいう。
> 　ニ　曲げ性とは、割れを生じることなく曲げられる程度をいう。

【解説】

　上降伏点とは、弾性変形の最大基準の応力のことで、この点から塑性変形が始まる。鋼材が降伏した時点での応力度である。単に降伏点ともいう。

■問題 19　H30

単純応力でないものはどれか。
イ　曲げ応力
ロ　せん断応力
ハ　圧縮応力
ニ　引張応力

【解説】

　曲げ応力には、圧縮と引張りと同時に 2 つ以上の応力が組み合わさるため、単純応力ではない。

■問題 20　H29

材料力学に関する記述として、正しいものはどれか。
イ　はりのたわみ量は、断面積が同じであれば、断面形状が異なっても同じである。
ロ　片持はりの先端に荷重をかけたとき、はりにかかる曲げモーメントは先端において最大である。
ハ　ヤング率とは、縦弾性係数のことである。
ニ　繰返し荷重を受ける場合は、一般に、衝撃荷重を受ける場合よりも安全率を大きくとる。

【解説】

　（イ）のたわみ量は断面積に依存し、断面積が大きくなるとたわみ量は少なくなる。また、断面が丸形状と角形状でも変わってくるため間違いである。

　（ロ）の片持はりの先端に生じるモーメントは 0（ゼロ）であり、固定端部で曲げモーメントが最大になるため、間違いである。

　（ニ）は、一般的に軟鋼の場合、繰返し荷重の安全率を 5 とした場合、衝撃荷重は 12 程度となることから、衝撃荷重のほうが安全率を大きくとるため間違いである。

4.7　力学・製図

(1) 出題傾向

　力学については、単位などの基本的な事項が多い。また、JIS の材料記号や溶接記号について問われている。幾何公差の種類と指示方法については出題頻度が高い傾向にあるため準備が必要である。

(2) 過去問題とその解説

■問題1　H31

日本工業規格（JIS）による幾何特性に用いる記号のうち、同軸度を表す記号はどれか。

イ　　　　　　ロ　　　　　　ハ　　　　　　ニ

【解説】

　（イ）は位置度、（ロ）は円筒度、（ハ）は真円度を表す記号である。

■問題2　H30

日本工業規格（JIS）の製図に関する記述のうち、正しいものはどれか。

イ　歯車製図によれば、歯車の基準円は太い実線で表す。

ロ　直径 50 mm の球の半径表示は、SR25 と表す。

ハ　図形の表し方には、第一角法と第二角法がある。

ニ　機械製図において、特殊な加工を施す部分には、細い一点鎖線を使用する。

【解説】

　図形の表し方は、第一角法と第三角法である。歯車の基準円は、細い一点鎖線で表す。特殊な加工を施す部分には特殊指定線を用いて表し、太い一点鎖線で表す。

■問題3　H29

日本工業規格（JIS）による幾何特性に用いる記号において、円筒度を表す記号はどれか。

イ　　　　　ロ　　　　　ハ　　　　　ニ

【解説】

［解説］　（イ）は位置度、（ハ）は真円度、（ニ）は同軸度を表す記号である。

■問題4　H29

日本工業規格（JIS）の機械製図による細い実線の用途として、誤っているものはどれか。

イ　寸法を記入するのに用いる。

ロ　外形線及びかくれ線の延長を表すのに用いる。

ハ　繰返し図形のピッチをとる基準を表すのに用いる。

ニ　記述・記号などを示すために引き出すのに用いる。

【解説】

（ハ）はピッチ線となり、線の種類は細い一点鎖線である。

■問題5　H31

日本工業規格（JIS）による表面性状の図示記号として、除去加工をしない（許さない）場合の記号はどれか。

イ　　　　　ロ　　　　　ハ　　　　　ニ

【解説】

旧 JIS 記号と新 JIS 記号を、**表 4.7.1** に示す。

表 4.7.1　JIS 記号例

旧JIS記号	新JIS記号	説明
		除去加工の要否を問わない
		除去加工を行う
		除去加工をしてはならない
		部品一周の全周面同一表面性状の場合

■問題6　H30

> 　日本工業規格（JIS）において、表面性状（粗さ曲線、うねり曲線及び断面曲線）を表す記号のうち、「最大高さ粗さ」を表す記号はどれか。
>
> 　イ　Ra
>
> 　ロ　Wa
>
> 　ハ　Rz
>
> 　ニ　Wz

【解説】

　最大高さ粗さは Rz で表す。Ra は算術平均粗さ、Wa は算術平均うねり、Wz は最大高さうねりを表す。

日本工業規格（JIS）において、表面性状の図示記号における各要求事項の指示位置の組合せとして、正しいものはどれか。

	「表面性状パラメータ」の指示位置	「加工方法」の指示位置
イ	a	b
ロ	a	c
ハ	b	a
ニ	b	c

【解説】

　表面性状の要求事項の指示位置を**図 4.7.1** に示す。

　a：通過帯域または基準長さ、表面性状パラメータ記号とその値、b：複数パラメータが要求されたときの二番目以降のパラメータ指示、c：加工方法、d：筋目の方向、e：削り代

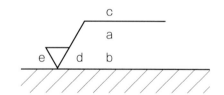

図 4.7.1　表面性状の要求事項の指示位置

日本工業規格（JIS）に定める溶接記号に該当しないものはどれか。

イ　　　　　ロ　　　　　ハ　　　　　ニ

【解説】

　（イ）はⅠ形開先、（ロ）はすみ肉溶接、（ハ）はレ形開先、（ニ）は幾何公差の直角度を表している。

4.8　電気

(1) 出題傾向

　オームの法則や電力などの計算が必要となるため、公式を覚えておく必要がある。電動機の特徴や使用方法について問われる傾向にある。また、電気制御（シーケンス制御）についても特徴が問われている。

(2) 過去問題とその解説

■問題1　H31、H29

抵抗値50Ωの電気器具に電流2Aが流れるときの消費電力はどれか。
イ　　25W
ロ　　50W
ハ　　100W
ニ　　200W

【解説】

　電力を表す式は、P＝V（電圧）×I（電流）＝I^2×R（抵抗）
　　　P＝2^2×50＝200W

■問題２　H31

三相誘導電動機の制御に関する記述のうち、誤っているものはどれか。
- イ　全負荷時のロータの回転速度は、ステータの磁界の回転速度に等しい。
- ロ　電源の任意の二相を入れ換えると、回転方向が逆になる。
- ハ　インバータ制御電源を使えば、回転速度を変えることができる。
- ニ　電源を直入れ始動したとき、低回転速度領域で定格電流よりも大きな電流が流れる。

【解説】

三相誘導電動機は、一般的に定格負荷時において、ロータ（回転子）の回転速度は、ステータ（固定子）側の同期速度よりも、3〜5％ほど遅れて回転する。よって、（イ）が誤りである。

■問題３　H31

下図の回路における⒜の電流値として、正しいものはどれか。
- イ　1 A
- ロ　2 A
- ハ　3 A
- ニ　4 A

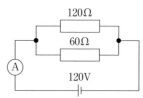

【解説】

合成抵抗＝120×60/（120＋60）＝40 Ω

I＝120 V/40＝3 A

■問題４　H30

100 V用60 W白熱電球に、100 Vの電圧を加えたときに流れる電流値は、次のどれか。
- イ　0.6 A
- ロ　6 A
- ハ　60 A

ニ　600 A

【解説】

　　P(電力)＝V(電圧)×I(電流)
　　60 W＝100 V×I　　I＝0.6 A

■**問題5**　H30

三相かご形誘導電動機に関する記述として、正しいものはどれか。
イ　電源周波数 50 Hz、極数 4 での同期回転速度は、2000 min⁻¹ である。
ロ　回転方向を変えるには、3 本の電源線を順送りで入れ替える。
ハ　全電圧始動法（直入れ始動法）では、始動時の電流値は回転速度に比例
　　する。
ニ　正回転と逆回転を頻繁に繰り返すと、過熱することがある。

【解説】

　（イ）は N＝120×f/P＝120×50/4＝1500 [min⁻¹]、（ロ）の回転の
方向を変えるには、3 本のうち 2 本の線を入れ替えればよい。（ハ）の場合、
直入れ始動法では始動時の電流値は回転速度に反比例する。
　　f：電源周波数、P：電動機の極数

■**問題6**　H30

下図の回路において、電流計Ⓐが 10 A を指示したとき、抵抗 R の値（Ω）
として、正しいものはどれか。
イ　9 Ω
ロ　11 Ω
ハ　15 Ω
ニ　20 Ω

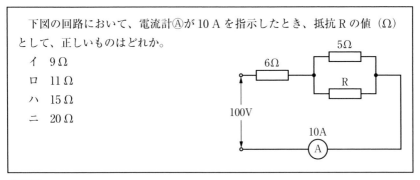

【解説】

　　I＝V/R（オームの法則）

合成抵抗は 5R/(5＋R) であり、回路に流れる電流は 10 A、電圧は 100 V であるため、オームの法則に代入すると、

$$10＝100/(6＋(5R/(5＋R)))\quad R＝20\,Ω$$

■問題7　H29

周波数 50 Hz、極数 8 の三相誘導電動機の回転速度として、正しいものはどれか。
ただし、すべりは考慮しないものとする。

イ　$1000\ \mathrm{min}^{-1}$

ロ　$750\ \mathrm{min}^{-1}$

ハ　$500\ \mathrm{min}^{-1}$

ニ　$250\ \mathrm{min}^{-1}$

【解説】

　　　N＝120×f(電源周波数)/P(電動機の極数)

　　　N＝120×50 Hz/8＝750 [min^{-1}]

■問題8　H29

文中の（　）内に当てはまる語句の組合せとして、適切なものはどれか。
　自動制御の（　①　）制御は、「あらかじめ定められた順序に従って、各操作を順次に進める制御」で、無接点と有接点がある。（　②　）の回路は、電磁リレーやマイクロスイッチなどを使ったものである。

	①	②
イ	フィードバック	無接点
ロ	シーケンス	有接点
ハ	フィードバック	有接点
ニ	シーケンス	無接点

【解説】

　自動制御は、「シーケンス制御」と「フィードバック制御」に分けることができる。シーケンス制御とは、「あらかじめ定められた順序に従って各操作

を順次に進める制御」で、無接点と有接点がある。有接点の回路は、電磁リレーやマイクロスイッチなどを使ったものがある。

　フィードバック制御とは、「センサーや検出器からの信号を読み取り、目標値と比較しながら機器を動かし、目標となる値に近づける」制御である。

4.9　安全衛生

(1) 出題傾向

　労働安全衛生関係法令から出題されることが多く、広い知識が必要となる。過去に出題された類似問題が出題される傾向にある。

(2) 過去問題とその解説

■問題1　H31

　文中の（　　）内に当てはまる数値として、正しいものはどれか。

　労働安全衛生関係法令によれば、屋内に設ける通路については、通路面から高さ（　　）メートル以内に障害物を置かないことと規定されている。

　　イ　0.9

　　ロ　1.8

　　ハ　2.7

　　ニ　3.6

【解説】

　労働安全衛生関係法令（安衛法規則）第五百四十二条（屋内に設ける通路）事業者は、屋内に設ける通路については、次に定めるところによらなければならないと規定されている。

　一　用途に応じた幅を有すること。

　二　通路面は、つまずき、すべり、踏抜等の危険のない状態に保持すること。

　三　通路面から高さ一・八メートル以内に障害物を置かないこと。

■問題2　H30

> 労働安全衛生関係法令に関する記述のうち、誤っているものはどれか。
> イ　機械の刃部を検査する場合、労働者に危険を及ぼすおそれのあるときは、機械の運転を停止しなければならない。
> ロ　研削といしを取り替えたときには、3分間以上の試運転をしなければならない。
> ハ　面取り盤において、回転する刃物に労働者の手が巻き込まれるおそれのあるときは、手袋を使用してはならない。
> ニ　精密な作業を行う作業場の作業面の照度は、200ルクスでなければならない。

【解説】

　安衛法規則によると、照度は精密作業では300ルクス以上、普通作業は150ルクス以上と示されている。

4.1

番号	1	2	3	4	5	6	7	8	9	10
解答	ロ	ニ	ハ	ロ	ニ	イ	イ	ハ	ロ	イ

4.2

番号	1	2	3
解答	ハ	ニ	ニ

4.3

番号	1	2	3
解答	ロ	イ	イ

4.4

番号	1	2	3	4	5	6
解答	ハ	ニ	ロ	ニ	ハ	イ

4.5

番号	1	2	3	4	5	6	7	8	9	10
解答	ハ	ハ	ニ	イ	ニ	イ	イ	ロ	ニ	ハ

4.6

番号	1	2	3	4	5	6	7	8	9	10	11	12	13	14	15	16	17	18	19	20
解答	ニ	ハ	イ	ニ	ロ	ハ	ニ	ハ	ハ	ハ	ハ	ハ	ロ	ニ	イ	ロ	ロ	イ	イ	ハ

4.7

番号	1	2	3	4	5	6	7	8	9
解答	ニ	ロ	ロ	ハ	ニ	ハ	ニ	ニ	ニ

4.8

番号	1	2	3	4	5	6	7	8
解答	ニ	イ	ハ	イ	ニ	ニ	ロ	ロ

4.9

番号	1	2
解答	ロ	ニ

第5章　2級学科試験—B群（多肢択一法）

5.1　工作機械加工一般

（1）出題傾向

　各種工作機械の特徴や機械を構成する要素について、マシニングセンタにおける加工法だけでなく、機械加工全般の知識が広く問われている。

　1級と同じく、各種工作機械について、機械加工関連、切削油剤の知識、潤滑についての基礎知識が各一問ずつ出題される。

（2）過去問題とその解説

■**問題1**　H31（平成31年度。以下同じ）

> 中ぐり盤に関する記述のうち、誤っているものはどれか。
> イ　ジグ中ぐり盤は、工作物に対する主軸の位置を高精度に位置決めできる工作機械である。
> ロ　精密中ぐり盤は、穴の内面を高精度にかつ高速度に加工できる工作機械である。
> ハ　横中ぐり盤は、直立したコラムに沿って上下運動する主軸頭をもち、主軸が垂直の工作機械である。
> ニ　プレーナ形横中ぐり盤は、主軸に対して直角方向に大きな行程をもつテーブルを備えた工作機械である。

【解説】

　横中ぐり盤は、主軸の向きが横方向（水平）に設置されている中ぐり盤である。記述は、主軸が垂直となっているため誤りである（**図5.1.1**）。

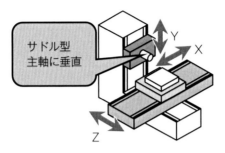

サドル型
主軸に垂直

Y
X
Z

図 5.1.1　横中ぐり盤

■**問題 2**　H30

> 　一般に行うボール盤作業に関する記述のうち、誤っているものはどれか。
> イ　ドリルを用いて穴あけ加工ができる。
> ロ　ブローチを用いてスプライン加工ができる。
> ハ　タップを用いてねじ立て加工ができる。
> ニ　リーマを用いてリーマ加工ができる。

【解説】

　ブローチ盤とは、刃が多数ついているブローチという工具を使い、穴から引き抜きながら所定の寸法に広げていく工具である。ブローチを使う場合には、ブローチ盤で行うため、ボール盤は使用しない。

■**問題 3**　H29

> 　次の工作機械と加工内容の組合せとして、適切でないものはどれか。
> 　　［工作機械］　　　　［加工内容］
> イ　形削り盤　　　　　平面削り加工
> ロ　ボール盤　　　　　穴あけ加工
> ハ　ホブ盤　　　　　　歯切加工
> ニ　ホーニング盤　　　バフ加工

【解説】

　ホーニング盤は、表面仕上げ用の工作機械である。主に円筒内面の仕上げ加工に使用される。棒状の先端に取り付けられたといしで円筒の内面を研削

する。中ぐり盤などで内面を加工した後、ホーニング盤で研削加工の仕上げ
処理を行う。

■問題4 H31

次の文中の（　　）内に当てはまる語句として、正しいものはどれか。
研削といしを構成する三要素とは、と粒、気孔及び（　　）である。
イ　結合剤
ロ　研削油剤
ハ　粒度
ニ　組織

【解説】
　研削といしを構成する3要素は、と粒及び気孔、結合剤である。と粒を構
成する、と粒の種類・組織・粒度、結合剤を構成する、結合剤の種類・結合
度を合わせて、5因子という。3要素と5因子の関係については66ページ
の図4.1.1を参照。

■問題5 H30

下図のエンドミルにおける刃の右左とねじれの右左の組合せとして、正しい
ものはどれか。

　　　　　刃の右左　　ねじれの右左
イ　　左刃　　　　右ねじれ
ロ　　左刃　　　　左ねじれ
ハ　　右刃　　　　右ねじれ
ニ　　右刃　　　　左ねじれ

【解説】
　主軸を上から見て時計回りで使用した場合、刃が右上がりは右ねじれとな
り、右下がりは左ねじれである。一般的なエンドミルは、「右刃右ねじれ」で
ある。右ねじれのエンドミルは材料を持ち上げる力が作用するため、薄板加
工の場合は、左ねじれを使い材料を押さえつけるように加工する方法がある。

■問題6　H29

> 切削又は研削工具に関する記述として、正しいものはどれか。
> イ　テーパシャンクドリルは、テーパピン用の下穴専用のドリルである。
> ロ　正面フライスは、溝削り用として用いるフライスである。
> ハ　真剣バイトは、左右対称な切れ刃をもつ剣バイトである。
> ニ　GCと粒のといしは、一般鋼材の研削用に適したといしである。

【解説】

真剣バイトは、左右が対称な切れ刃を持つ工具で、用途は外径切削の荒・仕上げ加工に使用する（**図5.1.2**）。テーパシャンクドリルは、ドリルを把持する部分がテーパになっているドリルで、正面フライスは、主に平面切削の荒・仕上げ加工に使用する加工機である。GCと粒のといしは、超硬合金の研削に適している。一般鋼材の研削は**表5.1.1**中の（A）と粒といしが適している。

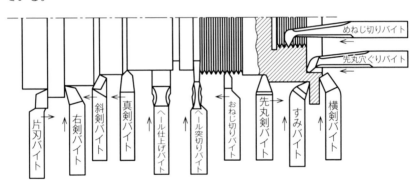

図5.1.2　バイトの種類

表5.1.1　加工材の種類と用途

区分	記号	種類	用途
アルミナ系	A	褐色アルミナ質	一般鋼材料、生鋼材
	WA	白色アルミナ質	合金鋼、工具鋼、焼入れ鋼、精密研削
	PA	淡紅色アルミナ質	
	HA	解砕形アルミナ質	
炭化けい素系	C	黒色炭化けい素質	非鉄・非金属研削、精密研削
	GC	緑色炭化けい素質	超硬合金研削

■**問題7** H31

> 水溶性切削油剤に関する記述のうち、誤っているものはどれか。
> イ 高速切削に適している。
> ロ 水と原液を混ぜて、使用する切削油剤である。
> ハ 使用すると工具寿命をのばすのに効果がある。
> ニ 不水溶性切削油剤よりも冷却作用が劣っている。

【解説】

　水溶性切削油剤の特徴は、原液に水を約80％混ぜるため、不水溶性切削油剤よりも冷却性が優れ、高速切削向きであるということがあげられる。洗浄性も優れており、NC工作機械、研削作業でよく使用されている。

■**問題8** H30

> 切削油剤に関する記述のうち、正しいものはどれか。
> イ 不水溶性切削油剤は、一般に、水溶性切削油剤に比べ冷却効果が大きい。
> ロ 水溶性切削油剤は、一般に、不水溶性切削油剤よりも防錆効果が高い。
> ハ 極圧添加剤は、潤滑効果を向上させる。
> ニ 不水溶性切削油剤は、水と混ぜて使用する。

【解説】

　切削油剤は水溶性と不水溶性に分けることができる（**図**5.1.3）。不水溶性切削油は、文中にある極圧添加剤を含有することで潤滑性を高めている（**表**5.1.2）。

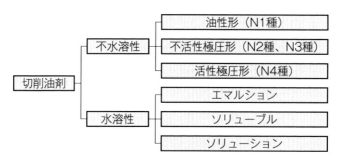

図5.1.3 切削油剤の種類

表 5.1.2 切削油剤の特性

	不水溶性 切削油	水溶性 エマルション	水溶性 ソリューブル	水溶性 ソリューション
潤滑性	◎	○	△	×
冷却性	×	△	○	◎
防錆性	◎	△	○	◎
耐劣化性	◎	×	△	○

■問題9　H29

> 切削油剤における極圧添加剤の作用に関する記述として、正しいものはどれか。
> イ　潤滑作用を抑制する。
> ロ　仕上げ面を悪化させる。
> ハ　切削性を低下させる。
> ニ　焼付きを抑制する。

【解説】

　潤滑油や切削油剤に含まれている極圧添加剤は、金属の二面の間の摩擦、摩耗の減少、焼付き防止のために加えられる添加剤である。

■問題10　H31

> 文中の（　　）内に当てはまる語句として、正しいものはどれか。
> ポンプによって加圧して給油する潤滑方式を、（　　）という。
> イ　強制潤滑
> ロ　リング潤滑
> ハ　滴下潤滑
> ニ　油浴潤滑

【解説】

　ポンプによって加圧して給油する潤滑方式を強制潤滑という。油浴潤滑は、ケーシングの中に油をため、軸受などを若干浸し、主軸の回転とともに跳ね上げて潤滑する方法である。リング潤滑は、主軸にリングをつけて湯浴に浸

しておいて、回転とともに跳ね上げ潤滑する方法である。滴下潤滑は、歯車と連結した滴下用のポンプを使用し、周期的に歯車に直接滴下する方法である。

■**問題 11** H30

> 文中の（ ）内に当てはまる語句として、適切なものはどれか。
> グリースと潤滑油を比較した場合、一般に、グリースのほうが（ ）。
> イ　ろ過が簡単である
> ロ　高速運転に適している
> ハ　冷却効果が低い
> ニ　摩擦抵抗が小さい

【解説】

　冷却作用は液状である潤滑油のほうが優れている（**表 5.1.3**）。油潤滑は、粘度が低く、浸透性が高いため、高速で動く箇所に用いられる。高速回転や高温条件の場合には、強制循環給油、軸受を油に浸して運転させ循環させる油浴潤滑がある。グリース潤滑は、一度充填すれば長期間補給しなくてもよく、密封装置も比較的簡単に済むため、広く活用されている。低速で荷重のかかる箇所で使用されている。

表 5.1.3　グリース潤滑と油潤滑

	グリース潤滑	油潤滑
給油装置	軸受の密封化により長期無給脂が可能	潤滑部位へ連続給油が必要
必要油量	必要最小限に抑えることが可能	多く必要
潤滑系	シンプル	複雑
漏れ	グリース自身にシール作用があるので、漏れの心配はほとんどない	シール構造に注意しないと漏れる恐れあり
高速回転対応	限界あり	可能
異物の除去	不可能	ろ過・遠心分離で、連続除去可能
冷却能力	冷却能力はない	冷却能力は大きい
摩擦損失	一般的に大きい	一般的に小さい

■**問題 12** H29

文中の（　　）内に当てはまる語句として、適切なものはどれか。
空気又は他の気体の流れの中に潤滑剤を注入することによって作られた霧状の潤滑剤をしゅう動面へ供給する潤滑方式を（　　）という。
　イ　強制潤滑
　ロ　滴下潤滑
　ハ　オイルミスト潤滑
　ニ　油浴潤滑

【解説】

オイルミスト潤滑は、空気または他の気体の流れの中に潤滑剤を注入することによって作られた霧状の潤滑剤をしゅう動面へ供給する潤滑方式である。

強制潤滑は、高速回転や高温条件の場合に多く用いられる方式で、給油された油は軸受内部を潤滑・冷却後、排油管を通りタンクに戻る。ろ過及び冷却された油は再びポンプにより強制的に給油される。

滴下潤滑は、給油器を用いて油を回転部に滴下させ、ハウジング内を油霧で充満させる方法であり、冷却効果もある。

油浴潤滑は、軸受を油に浸して潤滑させる方法でもっとも簡単である。低・中速回転に適している。

5.2　油圧制御一般

(1) 出題傾向

油圧制御に関しては、機器の特徴と JIS 図記号が問われている。1 級と同じく過去に出題された JIS 図記号は必ず覚え、用途と役割についても問われるため準備が必要である。

(2) 過去問題とその解説

■**問題 1**　H31、29

日本工業規格（JIS）の「油圧・空気圧システム及び機器—図記号及び回路図

—第1部：図記号」によれば、圧力計を示すものはどれか。

イ　　　　ロ　　　　ハ　　　　ニ

【解説】

（ロ）は流量計、（ハ）はレベル計、（ニ）は温度計である（**表 5.2.1**）。

表 5.2.1　各種計器の記号

名称	記号
圧力計	
差圧計	
レベル計	

名称	記号
温度計	
流量計	

■**問題 2**　H30

　文中の（　　）内に当てはまる語句として、正しいものはどれか。
　日本工業規格（JIS）によれば、（　　）は、入口圧力又は背圧の変化に関係なく、流量を所定の値に保持することができる圧力補償機能をもつ弁のことである。
　イ　リリーフ弁
　ロ　減圧弁
　ハ　流量調整弁
　ニ　逆止弁

【解説】

　流量調整弁は、アクチュエータの速度制御をするために使用するものである。流路の面積を調整するだけで、負荷の変動によって流量が変化する可変絞り弁、負荷の変動があっても自動的に常に安定した流量を得られる圧力保証付き弁、負荷の変動や粘度の変化があっても自動的に安定した流量を得ら

109

れる圧力・温度保証付き弁がある。

　リリーフ弁は、吐出側配管内で異物詰まりなどによる過大圧力が発生したときに、自動的に圧力を開放するものである。減圧弁は、一次側の高圧を適正に減圧して二次側へ送るものである。逆止弁は、順方向へは流すが、逆方向へ流れようとするときに自動的に閉弁するバルブである。

5.3　切削加工用治具一般

(1) 出題傾向

　切削加工時に用いられる治具の種類と特徴について問われる。用いられている治具の材質についても理解しておく必要がある。出題の傾向として、治具全般の基礎知識やブッシュについて問う問題が多く出題されている。

(2) 過去問題とその解説
■問題 1　H31

> ジグ用ブシュに関する記述として、誤っているものはどれか。
> イ　固定ブシュは、ドリル用及びリーマ用として用いられる。
> ロ　差込みブシュには、左回り切欠き形のブシュがある。
> ハ　ブシュの硬さは 30HRC 以下とする。
> ニ　つばなし固定ブシュは、ジグの同一穴の上下にも用いられる。

【解説】

　案内（ガイド）として使用する治具用のブッシュの材質には耐摩耗性が求められるため、HRC50 以上の高硬度なものが使用される。比較的軟質な材質は使用しない。

■問題 2　H30

> 加工用ジグに関する記述のうち、誤っているものはどれか。
> イ　ジグを使用する目的の一つは、すべての作業者が能率よく、均一な加工をするためである。

ロ　基準穴を用いて位置決めする場合の位置決めピンは、丸形と菱形を一対として用いる。

ハ　穴あけ用ブシュは、ドリルの摩耗を防ぐために黄銅を用いる。

ニ　加工物を取り付けるジグの面には、切りくずやごみの影響を少なくするために溝を設けることがある。

【解説】

穴あけ用ブシュは、切削工具の案内として使われる冶具である。使用される材質は SK 材など高硬度のものが使用される。

■**問題 3**　H29

文中の（　　）内に当てはまる語句として、適切なものはどれか。

日本工業規格（JIS）のジグ用ブシュの種類に含まれていないものは、（　　）である。

イ　固定ブシュ

ロ　可動ブシュ

ハ　差込みブシュ

ニ　固定ライナ

【解説】

日本産業規格（JIS）の冶具用ブシュの種類には、冶具プレートに固定して使用する固定ブシュや、差込みブシュを案内するために、冶具プレートに取り付ける固定ライナ、ドリルまたはリーマを案内するためのブシュである差込みブシュがある。設問の種類に含まれないのは、可動ブシュである。

5.4　測定法・品質管理

(1) 出題傾向

測定器の特徴や、使用用途についての知識が必要となる。品質管理においては、QC7つ道具に使われるツールについて、名称と特徴が問われる。作業現場において使用されている測定器が問われるため、名称とともに区分や

役割についても理解しておく必要がある。

(2) 過去問題とその解説
■問題1　H31

> 次のうち、直接測定ではない測定器はどれか。
> イ　限界ゲージ
> ロ　デプスマイクロメータ
> ハ　直尺
> ニ　ノギス

【解説】

　直接測定は、ノギスやマイクロメータなどの測定機器を用いて、測定物の
寸法を直接測る方法である。間接測定は、測りたい測定物の寸法に関係のあ
る別の測定結果を用いて計算する方法である。また比較測定は、リングゲー
ジやブロックゲージなどの基準器を用いて、測定物の差から寸法をダイヤル
ゲージなどの測定器で割り出す方法である。設問の限界ゲージは比較測定と
なる。

■問題2　H30

> 文中の（　　）内に当てはまる語句として、適切なものはどれか。
> ブロックゲージの測定面の平面度を点検する場合、（　　）を使用する。
> イ　直定規
> ロ　オプチカルフラット
> ハ　精密定盤
> ニ　すきまゲージ

【解説】

　ブロックゲージの測定面の平面度を点検する場合、オプチカルフラットを
使用する。同じく、平行度を点検する場合は、オプチカルパラレルを使用す
る。
　精密定盤は、素材や製品の平行を測定したり、比較測定を行ったりする場

合に使用する。すきまゲージは、シックネスゲージともいわれ、隙間に挿入して寸法を測定する場合に使用する。

■**問題3** H29

> 次の測定器のうち、比較測定器はどれか。
> イ　スケール
> ロ　デプスゲージ
> ハ　マイクロメータ
> ニ　シリンダゲージ

【解説】

　製品などの寸法を測定する場合の方法として、直接測定及び比較測定、間接測定の3通りの方法がある。

　直接測定を行う測定器は、ノギス、マイクロメータ、3次元測定機などがある。比較測定は、ブロックゲージやリングゲージを用いて基準をとり、測定物との差を、ダイヤルゲージなどを用いて割り出す方法である。シリンダゲージは比較測定に用いる測定器である。

■**問題4** H31

> 品質管理に関する記述として、正しいものはどれか。
> イ　パレート図は、不良品等の発生数を原因別に左から少ない順に並べた図である。
> ロ　ヒストグラムは、データのバラツキを見ることができない。
> ハ　標準偏差とは、品質のバラツキの最大値と最小値の差のことである。
> ニ　管理図は、工程が安定状態にあるかどうかを調べることができる。

【解説】

　パレート図は、不良品の発生数を左から多い順に並べるので、（イ）は誤りである。（ロ）のヒストグラムは、縦軸に度数、横軸に階級をとる統計グラフであり、データの分布状態を視覚的に判断するために用いられる。（ハ）の標準偏差はデータのばらつきを表す数値であり、分散の平方根と定義され

ているため、ばらつきの最大値と最小値の差ではない。

■**問題5** H30

> パレート図に関する記述として、適切なものはどれか。
> イ 項目別に層別して、出現頻度の大きさの順に並べるとともに、累積和を
> 示した図
> ロ 連続した観測値又は群にある統計量の値を、通常は時間順又はサンプル
> 番号順に打点した、上側管理限界線及び下側管理限界線をもつ図
> ハ 計測値の存在する範囲を幾つかの区間に分けた場合、各区間を底辺とし、
> その区間に属する測定値の度数に比例する面積をもつ長方形を並べた図
> ニ 特定の結果（特性）と原因との関係を系統的に表すための魚の骨のよう
> な形をした図

【解説】

（イ）はパレート図の記述である。（ロ）は管理図、（ハ）はヒストグラム、
（ニ）は特性要因図を表す記述である（**図5.4.1**）。

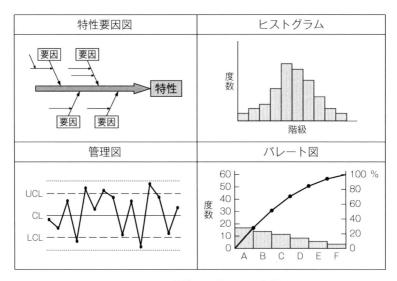

図 5.4.1　品質管理に使われる各種図

■問題6　H29

下図のうち、ヒストグラムはどれか。

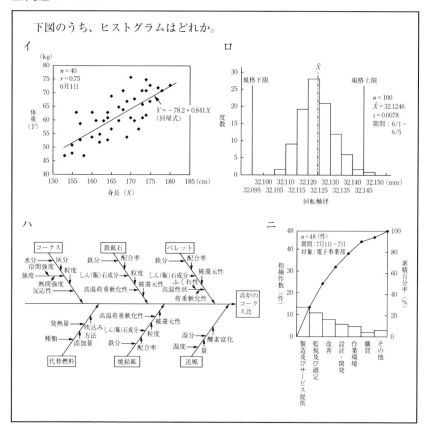

【解説】

　（イ）は散布図、（ハ）は特性要因図、（ニ）はパレート図の説明である。

5.5　機械要素・製図

（1）出題傾向

　1級と同様に2級もねじや歯車の規格や名称が問われる頻度が高い。また、歯車やカムの伝達方法の特徴が問われるため知識が広く要求される。この分野は、難易度が高めであることから、過去に出題された問題を十分理解しておく必要がある。

(2) 過去問題とその解説

■問題1　H31

> メートル並目ねじとメートル細目ねじとの比較に関する記述のうち、誤っているものはどれか。
>
> イ　外径（呼び径）が同じ場合、有効径は、メートル並目ねじのほうが大きい。
>
> ロ　メートル細目ねじのほうが、強度があり、締付け力が大きい。
>
> ハ　薄板や薄肉部のねじには、メートル細目ねじのほうが適している。
>
> ニ　外径（呼び径）が同じ場合、ピッチは、メートル並目ねじのほうが大きい。

【解説】

　外径（呼び径）が同じ場合、有効径はメートル並目ねじのほうが小さいため、誤りである。同じサイズの並目ねじと比較すると、細目ねじのほうが有効径は大きいため強度があり、締め付け力が大きい並目ねじに比べ、小さいトルクで軸力を得ることができる。一方、細目ねじは、摩擦量が大きく、焼付きやかじりを起こしやすい。

■問題2　H31

> 一対の歯車の組合せで、一般に、減速比を大きくするのに最も適しているものはどれか。
>
> イ　平歯車と平歯車
>
> ロ　はすば歯車とはすば歯車
>
> ハ　かさ歯車とかさ歯車
>
> ニ　ウォームとウォームホイール

【解説】

　ウォームとウォームホイールから 15～50 の大きな減速比を得られる。（イ）はスパーギアともいわれ、平行な軸の伝達に使用される。（ロ）はヘリカルギアともいわれ、動力伝達のムラが少なく、静かに回転する。（ハ）は、交わる 2 本の軸間の伝達に使用される。

■問題3　H31

　下図に示すような円形偏心カムを回転させたときの従動子の運動として、正しいものはどれか。ただし、従動子の最下点をカムの回転角度0°とする。

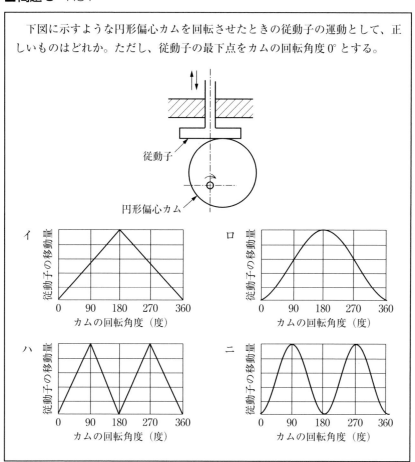

【解説】

　円形偏心カムは、位相が180°のときに最大移動量となり、移動量は左右対称になる。円形のため、移動量のグラフはなめらかな曲線となる（**図5.5.1**）。

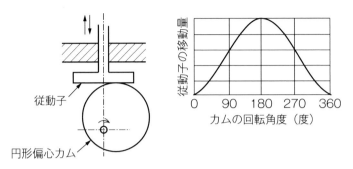

図 5.5.1 円形偏心カムとカムの回転角度における移動量

■問題4　H30

> 半月キーに関する記述として、正しいものはどれか。
> イ　一般に、大きなトルクの伝達には適さない。
> ロ　テーパ軸には使用しない。
> ハ　こう配キーの一種である。
> ニ　WA、WB及びWCの3種類がある。

【解説】

　半月キーは、テーパの軸用として使用される。溝に対して、キーの傾きが自由に調整できるので、部品同士の組み付けが容易である。軽荷重用のキーである（図5.5.2）。

■問題5　H30

> Vベルト伝動に関する記述として、正しいものはどれか。
> イ　Vベルトは、強い力を伝えるためクロスベルト（十字掛け）で使用するのが一般的である。
> ロ　Vプーリの溝の角度は、直径の大小に関係なく40°である。
> ハ　Vベルトは、平ベルトよりも滑りが少ないので、大きな動力を伝動することができる。
> ニ　Vベルトは、平ベルトよりも短い軸間距離で大きな回転比をもたせることに適していない。

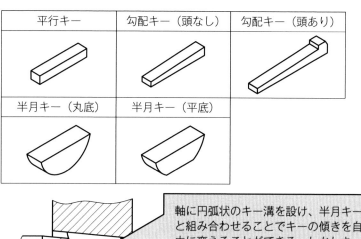

平行キー	勾配キー（頭なし）	勾配キー（頭あり）
半月キー（丸底）	半月キー（平底）	

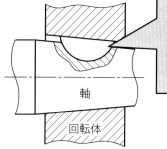

軸に円弧状のキー溝を設け、半月キーと組み合わせることでキーの傾きを自由に変えることができる。しかしキー溝が深くなるため、軸強度が低下し大きなトルクの伝達には適さない。

軸

回転体

図 5.5.2　各種キー

【解説】

　V ベルトは、動力の伝達に摩擦力を使い、自動車や工業機械に広く使用されている。摩擦電動には、平ベルトと V ベルトがあるが、V ベルトは接触面積が大きく、くさび形状のため、平ベルトより強い摩擦力を得ることができる。ベルトの V 字角は 40° である。V プーリーの溝の角度は 34°～38° である。ベルトのかけ方によりオープンベルトとクロスベルトがある（**図5.5.3**）。

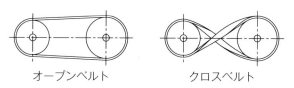

オープンベルト　　　　　　クロスベルト

図 5.5.3　オープンベルト（左）とクロスベルト（右）

■問題6　H30

次のうち、一般に、摩擦係数が最も小さいねじはどれか。
イ　三角ねじ
ロ　ボールねじ
ハ　角ねじ
ニ　台形ねじ

【解説】

　摩擦係数がもっとも小さいねじは、ボールねじである。精密な位置決めを必要とする工作機械の送りねじなどに使用されている。

　摩擦係数は、三角ねじ約0.2、ボールねじ約0.005〜0.05、角ねじ約0.15、台形ねじ約0.05（中速、高荷重）。

■問題7　H29

下図のうち、ねじ歯車対はどれか。

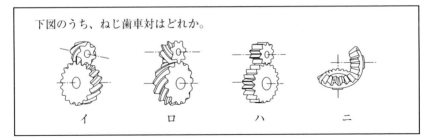

イ　　　　ロ　　　　ハ　　　　ニ

【解説】

　（ロ）ははすば歯車、（ハ）は平歯車、（ニ）はかさは歯車である。

■問題8　H29

　文中の（　　）内に当てはまるものとして、正しいものはどれか。
　ねじの条数をn、リードをL、ピッチをPとすると、（　　）の関係が成り立つ。
　イ　L＝P×n
　ロ　L＝$\dfrac{P}{n}$

$$ハ \quad L = \frac{P(n-1)}{n}$$

ニ　L = P + n

【解説】

　ねじの条数を n、リードを L、ピッチを P とすると、

　　L = P×n の関係が成り立つ。

　条数 1 とすると、L（リード）と P（ピッチ）が等しくなる。これを 1 条ねじといい、条数が 2 の場合は、L は P の 2 倍となる。これを 2 条ねじという。

■問題9　H29

　次のねじのうち、メートル細目ねじはどれか。

イ　M8×1

ロ　Tr10×2

ハ　M8

ニ　No. 8―36UNF

【解説】

　日本産業規格（JIS）によるねじにおける規格は以下のとおり。メートルねじ（記号 M）の場合、ねじ山の角度は 60° で、並目と細目に分けらえており、ねじの呼びごとに複数のピッチがある。一般締結用は並目ねじを使用し、細目ねじはピッチが小さいため、締め付けが強く緩みにくい。並目は M8、細目は M8×1（ピッチ）と表記する。

　台形ねじ（記号 Tr）は、ねじ山の形状が台形である。角度は 30° となっているため軸方向の精度は高い。高精度のピッチが得られるため、工作機械などの送りねじとして使用されている。

　ユニファイねじ（記号 UNF）のピッチの表記方法は、1 インチ（25.4 mm）当たり何個の山があるかを示す。

5.6 仕上げ・材料・検査

(1) 出題傾向

仕上げについては、ケガキの方法及び使用する器工具の名称、特徴が問われる。特にヤスリの種類は出題頻度が高い。このことについては1級と同じである。材料については、鉄鋼材料と非鉄材料について名称と特徴、材料試験（硬さ試験）の知識が必要となる。

(2) 過去問題とその解説

■問題1　H31

> けがき用工具に関する記述として、誤っているものはどれか。
> イ　Vブロックは、一般に、V形90°の溝が付けられ、同一寸法のもの2個で1組としている。
> ロ　心出し定規は、異形で複雑な形状の工作物のけがきに使用される。
> ハ　トースカンとは、台付きのけがき針のことをいう。
> ニ　センタブリッジは、中空円筒形工作物の中心点等のけがきに使用される。

【解説】

芯出し定規とは、円筒上のものの中心をとらえる際に使用するものである。

■問題2　H31

> 下図のやすり目は、次のうちどれか。
>
>
>
> イ　単目
> ロ　複目
> ハ　波目
> ニ　鬼目

【解説】

各目の形状は、**図5.6.1**のとおりである。

| 単目 | 複目 | 波目 | 鬼目 |

図 5.6.1　やすりの目

単目：仕上げ面がきれいになる。目詰まりは少ないが、切削力は弱い。

複目：鉄材の荒仕上げなどもっとも多く使用されている。

波目：アルミニウムのような軟らかい材料の荒仕上げに使用する。

鬼目：木材など目詰まりしやすい軟らかい材料の荒削りに使用する。

■**問題3**　H31

鋳物砂に求められる条件又は性質として、適切でないものはどれか。
イ　気密性がよい。
ロ　成形性がよい。
ハ　耐火性がよい。
ニ　経済性がよい。

【解説】

　鋳物砂に求められる条件あるいは性質としては、成形性及び耐火性、経済性、通気性が求められる。

■**問題4**　H31

次のうち、常温において熱伝導率が最も高い金属はどれか。
イ　銅
ロ　ニッケル
ハ　鉄
ニ　アルミニウム

【解説】

　熱伝導率は、下記の順で高い。

　銀＞銅＞金＞アルミニウム＞ニッケル＞鉄＞ステンレス

■問題5 H31

文中の（　　）内に当てはまる語句として、正しいものはどれか。
窒化は、（　　）の一つである。
イ　サブゼロ処理
ロ　溶体化処理
ハ　表面硬化処理
ニ　調質

【解説】

　窒化とは、鋼の表面に窒素（N）を浸み込ませて硬くする方法で、窒素が入るだけで硬くなるので、焼入れ、焼戻しを行うことはない。

■問題6 H31

次の試験のうち、材料硬さ試験法ではないものはどれか。
イ　ブリネル
ロ　ビッカース
ハ　シャルピー
ニ　ロックウェル

【解説】

　硬さ試験はブリネル（HBW）、ビッカース（HV）、ロックウェル（HRC）である。シャルピーは材料の靱性をみる衝撃試験である。

■問題7 H30

けがき作業における基準の取り方として、誤っているものはどれか。
イ　仕上げられた面があれば、それを基準にとるのが原則である。
ロ　長辺と短辺がある工作物では、短辺の方を先にけがくと長辺がけがきやすく正確である。
ハ　工作物に穴があるときは、穴の中心を基準にする。
ニ　図面の中心線を基準とするのが原則である。

【解説】

けがき作業のポイントを以下に示す。

・仕上げた面があれば、基準面にとる。

・けがきを引く際は長辺から引く。材料を乗せる際はきれいに拭き取る。

・工作物に穴がある場合は誤差を抑えるため、その穴を使って固定し、穴の中心を基準とする。

■**問題8** H30

やすり仕上げに関する記述として、誤っているものはどれか。
イ　鉄工やすりの鬼目は、木材、皮等の荒仕上げにも使用される。
ロ　鉄工やすりの形状は、平、角、丸、半丸、三角がある。
ハ　鉄工やすりの目の種類には、荒目、中目、細目、油目がある。
ニ　食い付きをよくするためには、油を塗るとよい。

【解説】

やすり仕上げに関するポイントを以下に記す。

・やすり仕上げ作業の際、目詰まりを防ぐためあらかじめチョークを塗って行う場合があるが、油は塗らない。

・やすりの目には、単目、複目、シャリ目、波目、鬼目などがある。

・溝の間隔が広いほうから順に、粗目（荒目）、中目、細目、油目という。

・鉄工やすりの断面形状は、平形、半丸形、丸形、角形、三角形の5種類がある。

・木工用のやすりは、目詰まりしやすい軟らかい素材、木材の切削や成形ができ、表と裏面で目立てが違う。

■**問題9** H30

鍛造の種類でないものはどれか。
イ　自由
ロ　型
ハ　冷間
ニ　遠心

【解説】

　鍛造とは、金属を叩いて成形する加工法である。叩くことで金属の結晶を整え、気泡などの内部欠陥を圧着させる。自由鍛造は、金型を用いずハンマで叩いて自由に型を整える加工法で、型鍛造は上下１組の金型の中に鉄を入れて、圧縮する方法である。

　冷間鍛造は加工材を熱せず常温下で鍛造する。一般的には 600〜900℃で行う鍛造を温間鍛造、それ以上の温度で鍛造することを熱間鍛造という。

■**問題 10**　H30

> 　文中の　（　　　）内に当てはまる数値として、次のうち最も適切なものはどれか。
> 　長さ１ｍの鋼材の温度が１℃変化すると、長さは、約（　　　）mm 程度変化する。
> 　イ　　0.001
> 　ロ　　0.01
> 　ハ　　0.1
> 　ニ　　1.0

【解説】

　鋼は温度が１℃変化すると、約 0.01 mm 程度長さが変化する。同じくアルミは、約 0.02 mm 程度変化する。

■**問題 11**　H30

> 表面硬化処理でないものはどれか。
> 　イ　浸炭焼入れ
> 　ロ　窒化
> 　ハ　高周波焼入れ
> 　ニ　時効硬化

【解説】

　表面硬化処理は鋼の表面だけを硬くするための処理である。

　浸炭焼入れは、低炭素鋼の表面に炭素を浸入させ、焼入れを行う。窒化は、

鋼材をアンモニアガスなど窒素を含む媒材中で500℃程度に加熱し、表面部の窒素の含有量を増加させることにより表面を硬化させる。高周波焼入れは、鋼材の表面層をオーステナイト組織に加熱した後、急冷してマルテンサイト化し硬化させる方法である。

■問題12　H30

材料の硬さ試験で、ビッカース硬さを表す記号はどれか。
イ　HBW
ロ　HV
ハ　HRC
ニ　HS

【解説】

ビッカース硬さ試験は"HV"である。

HBWはブリネル硬さ試験、HRCはロックウェル硬さ試験、HSはショア硬さ試験の各記号である。

■問題13　H29

一般的なけがき作業に関する記述として、誤っているものはどれか。
イ　工作物を定盤上に安定して置くことができないときは、豆ジャッキ等を用いる。
ロ　精密なけがきをするときは、ハイトゲージを用いる。
ハ　スコヤは、定盤に対して、垂直なけがき線を引くときにも使用される。
ニ　トースカンは、定盤上に設置した工作物の側面に当て垂直を確認するために使用する。

【解説】

トースカンは、金属などへのけがき（罫書）に使用する。精度が必要な場合は、ハイトゲージにスレイパーをつけて、けがきを行う。トースカンは工作物の垂直を確認することはできない。

■問題 14　H29

日本工業規格（JIS）の「溶接用語─第1部：一般」によれば、「用語及び定義」の「基本」として、各種の溶接方法を規定しているが、これに該当しないものは次のうちどれか。
- イ　圧接
- ロ　溶射
- ハ　ろう接
- ニ　融接

【解説】

　日本産業規格（JIS）の溶接用語の各種の溶接方法に規定されているのは、融接、圧接、ろう接である。溶射は規定がない。

　融接とは、電気アークや可燃性ガスの燃焼を熱源とし、母材を溶融させ接合する方法である。圧接は、大きな機械的圧力と熱を加えて金属融合させ、接合する方法で、ろう接は、はんだまたはろうを用いて、母材をできるだけ溶融しないで接合する方法である。それに対し、溶射は表面処理の一種で、金属などを溶融・軟化させ、ワークへ噴射する。表面に吹き付けられたら、瞬時にワークに固化して皮膜を形成する。

■問題 15　H29

次のうち、熱伝導率が最も高い金属はどれか。
- イ　銅
- ロ　ニッケル
- ハ　鉄
- ニ　アルミニウム

【解説】

　金属の熱伝導性は、銀、銅、金、アルミ、鉄の順に低くなる。銀めっきは熱伝導率がもっともよいが、高価なことから熱伝導のためだけの用途は少ない。実用金属のなかでは、ステンレス鋼が特に熱伝導性が悪いので、銅めっきがよく行われている。

■問題 16　H29

> 　文中の（　　）内に当てはまる語句として、正しいものはどれか。
>
> 窒化は、（　　）の一つである。
> 　イ　サブゼロ処理
> 　ロ　溶体化処理
> 　ハ　表面硬化処理
> 　ニ　調質

【解説】

　窒化とは、金属の表面（1mm以内）に窒素を浸透させて硬化させる表面硬化処理である。サブゼロ処理は鋼の熱処理方法の一つで、焼入れ後にドライアイスや液体窒素などを用いて、0℃以下に急速冷却することである。目的は、硬度の均一化、耐摩耗性の向上、組織をマルテンサイトに変えることにより、オーステナイトよりも経年変化を抑えることである。

　溶体化処理とは、適温に加熱保持して、材料の合金成分を固体中に溶かし込んで析出物を出さないように急冷することである。調質とは、構造用鋼などに焼入れ後に450℃以上に加熱し、均質性や靭性（ねばさ）を増す熱処理の方法である。

■問題 17　H29

> 　文中の（　　）内に当てはまる語句として、正しいものはどれか。
> 　対面角が136度の正四角すいのダイヤモンド圧子に荷重をかけ、試験片の表面に押し込んでついた永久くぼみの対角線の長さと、かけた荷重から算出する方法を（　　）という。
> 　イ　ロックウェル硬さ試験
> 　ロ　ショア硬さ試験
> 　ハ　ビッカース硬さ試験
> 　ニ　ブリネル硬さ試験

【解説】

設問はビッカース硬さ試験である。ロックウェル硬さ試験（Cスケール）

は、焼入れ鋼や合金鋼の硬さ試験に用いる（**図**5.6.2）。円錐角120°のダイヤモンドコーンを2回の荷重（基準荷重と試験荷重）における圧子のくぼみ深さの差から求める。ショア硬さ試験は、先端の球状ダイヤモンドハンマを試料の試験面上に一定の高さ（254 mm）から落下させ、その跳ね上がり高さを読んで硬さとする。取り扱いが簡単で、測定部にほとんどくぼみができないので製品に適用できる。ブリネル硬さ試験は、焼入れ鋼球や超硬合金鋼球圧子で、平滑な試料表面に試験荷重を一定時間かける。できたくぼみの大きさで硬さを表現する（**図**5.6.3）。

図5.6.2　ロックウェル硬さ試験

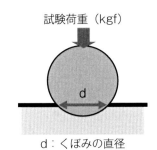

d：くぼみの直径

図5.6.3　ブリネル硬さ試験

5.7　力学・製図

（1）出題傾向

　力学については、単位などの基本的な事項が多い。製図における線種と役割、材料記号の名称を問われることが多い傾向であるが、過去出題された問題の周辺知識を理解しておく必要がある。

(2) 過去問題とその解説

■問題1　H31

材料力学で力のモーメントの単位として使用されるものはどれか。

イ　N・m

ロ　N／m²

ハ　kg／h

ニ　N

【解説】

　モーメントの単位は、N・m（読み：ニュートンメートル）である。力の
モーメントの大きさを表す。荷重と長さの積である。

■問題2　H31

日本工業規格（JIS）による機械製図における寸法線及び寸法補助線の記入
方法に関する図のうち、誤っているものはどれか。

　　イ　　　　　　ロ　　　　　　ハ　　　　　　ニ

【解説】

　（ニ）のような記入方法はないため誤り。その他の記入方法に関しては**図
5.7.1**に示す。

1) 弦の長さ寸法　　2) 弧の長さ寸法　　3) 角度寸法

図5.7.1　寸法線の記入例

2級学科試験—B群（多肢択一法）

> 日本工業規格（JIS）よれば、種類の記号 FCD で表される材料はどれか。
> イ　球状黒鉛鋳鉄品
> ロ　ねずみ鋳鉄品
> ハ　黒心可鍛鋳鉄品
> ニ　炭素鋼鋳鋼品

【解説】

　出題された材料の材料記号は次のとおり。球状黒鉛鋳鉄品は FCD、ねずみ鋳鉄品は FC、黒心可鍛鋳鉄品は FCB、炭素鋼鋳鋼品は SC である。

■問題4　H31

> 日本工業規格（JIS）の機械製図に定める線の用法として、誤っているものはどれか。
> イ　かくれ線は、細い破線又は太い破線を用いる。
> ロ　想像線は、細い一点鎖線を用いる。
> ハ　外形線は、太い実線を用いる。
> ニ　寸法線は、細い実線を用いる。

【解説】

　想像線は細い二点鎖線のため、誤りである。

■問題5　H30

> 　下図は、断面が一様な板の両面に V 溝の切欠きを付け、軸方向（図の上下方向）に引張荷重を与えたときの応力分布を示したものであるが、適切なものはどれか。

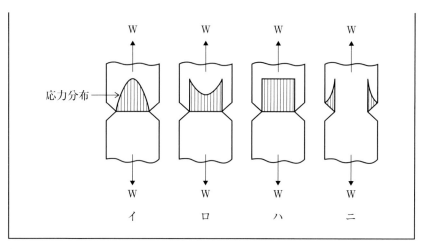

【解説】

　切欠き部分から応力は集中し、遠くなるにつれて小さい分布となるため、（ロ）のような応力分布を示す。

■**問題6**　H30

> 　日本工業規格（JIS）において、クロムモリブデン鋼鋼材を表す種類の記号はどれか。
> 　イ　SNCM
> 　ロ　SCr
> 　ハ　SCM
> 　ニ　SKH

【解説】

　日本産業規格（JIS）における材料記号については、材料は原則として、次の３つの記号・数値で規定されている。

　①材質、②製品名、③材料の最低引張り強さまたは種類番号の数値

　材料記号のNは「ニッケル」、Crは「クロム」、Mは「モリブデン」である。SNCMはニッケルクロムモリブデン鋼で、SCrはクロム鋼、SCMはクロムモリブデン鋼、SKHは高速度工具鋼（ハイス）である（**表5.7.1**）。

表 5.7.1　鉄鋼に用いられている各種記号

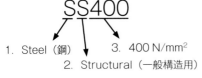

1. Steel（鋼）
2. Structural（一般構造用）
3. 400 N/mm²

1. 材質を表している
2. 添加元素、用途、炭素量、規格名、製品名を表す
3. 種類、番号、最低引張強さを表す

●材質を表す記号

記号	材質	備考
F	鉄	Ferrum
S	鋼	Steel
A	アルミニウム	Aluminium
B	青銅	Bronze
C	銅	Copper

●規格名、製品名を表す記号

記号	規格名、製品名	備考
S	一般構造用	Structural
U	特殊用途鋼	Special-Use
UJ	軸受鋼	ローマ字
US	ステンレス鋼	Stainless
CM	クロムモリブデン鋼	Chromium Molybdenum
NC	ニッケルクロム鋼	Nickel Chromium
NCM	ニッケルクロムモリブデン鋼	Nickel Chromium Molybdenum

●規格名、製品名を表す記号

記号	規格名、製品名	備考
CD	球状黒鉛鋳鉄品	Ductile Casting
CMB	黒心可鍛鋳鉄品	Malleable Casting Black
CMW	白心可鍛鋳鉄品	Malleable Casting White
F	鍛造品	Forging
GP	ガス管	Gas Pipe
K	工具	ローマ字
KH	高速度工具鋼	High Speed

■問題7　H30

日本工業規格（JIS）の機械製図における平行度の図示として、正しいものはどれか。

イ　| ⟋⟋ | 0.05 | A |

ロ　| ＝ | 0.05 | A |

ハ　| // | 0.05 | A |

ニ　| ⌀ | 0.05 | A |

【解説】

平行度の図示は（ハ）となる。（イ）は全振れ、（ロ）は対称度、（ニ）は円筒度となる（**図** 5.7.2）。

幾何特性	真直度	平面度	真円度	円筒度	線の輪郭度	面の輪郭度	平行度
記号	—	▱	○	⌔	⌒	⌓	//

幾何特性	直角度	傾斜度	位置度	同心度・同軸度	対称度	円周振れ	全振れ
記号	⊥	∠	⊕	◎	⩵	↗	⌰

図 5.7.2　幾何特性と記号

■問題8　H30

日本工業規格（JIS）の機械製図に関する記述として、正しいものはどれか。
イ　図形の中心を表すときは、太い一点鎖線を使用する。
ロ　特殊な加工を施す部分を表すときは、細い一点鎖線を使用する。
ハ　対象物の一部を破った境界を表すときは、不規則な波形の細い実線又はジグザグ線を使用する。
ニ　対象物の見える部分の形状を表すときは、細い二点鎖線を使用する。

【解説】

（イ）の中心線は「細い一点鎖線または細い実線」となるため誤りである。（ロ）の特殊指定線は、太い一点鎖線となるため誤りである。（ニ）は、対象物の見える部分の形状を表す線は外形線となり、太い実線であるため誤りである（**表** 5.7.2）。

表 5.7.2　線の種類と用途

用途による名称	線の種類		線の用途
外形線	太い実線	——————	対象物の見える部分の形状を表すのに用いる。
寸法線	細い実線	———————	寸法記入に用いる。
寸法補助線			寸法記入するために図形から引き出すのに用いる。
引き出し線 （参照線を含む）			記述・記号などを示すために引き出すのに用いる。
回転断面線			図形内にその部分の切り口を 90°回転して表すのに用いる。
中心線			図形に中心線を簡略化して表すのに用いる。
かくれ線	細い破線または太い破線	·········· -------	対象物の見えない部分の形状を表すのに用いる。
中心線	細い一点鎖線	—·—·—·—·—	a) 図形の中心を表すのに用いる。
			b) 中心が移動する中心軌跡を表すのに用いる。
基準線			特に位置決定のよりどころであることを明示するのに用いる。
ピッチ線			繰り返し図形のピッチをとる基準を表すのに用いる。
特殊指定線	太い一点鎖線	—·—·—·—	特殊な加工を施すなど特別な要求事項を適用すべき範囲を表すのに用いる。
想像線	細い二点鎖線	—··—··—··	a) 隣接部分を参考に表すのに用いる。
			b) 工具、治具などの位置を参考に示すのに用いる。
			c) 可動部分を、移動中の特定の位置または移動の限界の位置で表すのに用いる。
			d) 加工前または加工後の形状を表すのに用いる。
			e) 図示された図面の手前にある部分を表すのに用いる。
重心線			断面の重心を連ねた線を表すのに用いる。
破断線	不規則な波形の細い実線またはジグザグ線	⌇	対象物の一部を破った境界、または一部を取り去った境界を表すのに用いる。
切断線	細い一点鎖線で、端部及び方向の変わる部分を太くした線	—·—·—·—┐	断面図を描く場合、その断面位置を対応する図に表すのに用いる。
ハッチング	細い実線で、規則的に並べたもの	▨	図形の限定された特定の部分を他の部分と区別するのに用いる。例えば、断面図の切り口を示す。
特殊な用途の線	細い実線	———————	a) 外形線及びかくれ線の延長を表すのに用いる。
			b) 平面であることを×字状の 2 本の線で示すのに用いる。
			c) 位置を明示または説明するのに用いる。
	極太の実線	▬▬▬	圧延鋼板、ガラスなどの薄肉部の単線図示をするのに用いる。

136

■**問題 9** H29

下図の軟鋼の「応力—ひずみ線図」に関する記述として、誤っているものは
どれか。

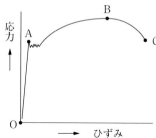

イ　OA 間では、弾性変形が生じる。
ロ　A 点は、上降伏点である。
ハ　B 点は、引張強さである。
ニ　BC 間では、塑性変形は生じない。

【解説】

軟鋼について引張り試験をすると、**図 5.7.3** が得られる。

O〜A 点：応力の小さい間は応力とひずみが比例する。この最大の応力点
A を「比例限度」という。

A〜B 点：応力とひずみは比例しないが、応力を除去すると試験片は元に
戻る。この元に戻る限界 B を「弾性限度」と呼ぶ。また、このように応力を

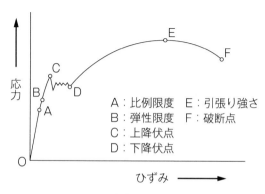

図 5.7.3　応力とひずみの関係

137

除去するとひずみがなくなる変形を「弾性変形」という。

B〜C点：応力を取り去っても永久ひずみとなってひずみが残る範囲。応力の減少が観察されるより前の最大の応力値Cを「上降伏点」という。また、このように応力を除去してもひずみが残る変形を「塑性変形」という。

C〜D点：応力は増加せず伸びだけ進行する範囲の最小の応力値Dを「下降伏点」という（初期の過渡的影響は無視）。

D〜E点：降伏点以降で応力が最大になる点Eを「引張り強さ」という。

E〜F点：材料がくびれはじめ、やがて破断する。この点Fを「破断点」と呼ぶ。

■**問題10** H29

> 日本工業規格（JIS）の機械製図に関する記述として、誤っているものはどれか。
> 　イ　C10は、45°の面取り寸法10 mmを表す。
> 　ロ　SR10は、球の直径10 mmを表す。
> 　ハ　R10は、半径10 mmを表す。
> 　ニ　□10は、断面の1辺が10 mmの正方形を表す。

【解説】

球の直径表記は「Sφ」である（**表5.7.3**）。

表5.7.3　寸法補助記号

R	半径
SR	球の半径
φ	円の直径、180°を超える円弧の直径
Sφ	球の直径、180°を超える球の円弧の直径
C	45°面取り
t	厚さ
⌴	座ぐり
↧	穴深さ

■問題 11　H29

日本工業規格（JIS）による幾何特性に用いる記号のうち、真円度を表す記号はどれか。

イ　　　　　　　ロ　　　　　　　ハ　　　　　　　ニ

【解説】

前述のとおりである（135 ページの図 5.7.2 参照）。

■問題 12　H29

日本工業規格（JIS）の材料記号に関する記述として、誤っているものはどれか。

イ　S45C の炭素含有量は、0.42〜0.48 ％である。
ロ　SC450 の引張強さは、450 N/mm² 以上である。
ハ　FCD500-7 の引張強さは、700 N/mm² 以上である。
ニ　SS400 の引張強さは、400〜510 N/mm² である。

【解説】

FCD500-7 は球状黒鉛鋳鉄で、500 N/mm² を最小引張り強さとしている。7 は最小の伸びをパーセントで示したものである。

（イ）の S45C は機械構造用炭素鋼であり、炭素含有量は 0.45 ％(0.42 ％〜0.48 ％)。（ロ）は炭素鋼鋳鋼品で、SC に続く数値は最小引張り強さが 450 N/mm² であることを表している。（ニ）は一般構造用圧延鋼材である。鉄鋼材のなかでも単価が安くて市場にもよく出回っている材料であり、多くの分野で使用されている。引張り強さは 400〜510 N/mm² である。

5.8　電気

（1）出題傾向

オームの法則や、電力などの計算が必要となるため、公式を覚えておく必

要がある。過去出題された電気記号は確実に覚えてほしい。公式から計算式（電力、合成抵抗など）を問われることが多いため、過去問を繰り返し解いてほしい。

(2) 過去問題とその解説
■問題1　H31

> 100 V で、500 W の電気器具に流れる電流値はどれか。
> イ　0.2 A
> ロ　2 A
> ハ　5 A
> ニ　50 A

【解説】
　・電力を求める式は、
　P(電力：W)＝V(電圧：V)×A(電流：A)である。
　式を変形すると、A＝P/V＝500/100＝5 A

■問題2　H31

> 　日本工業規格（JIS）によれば、電気用図記号のうち、抵抗器を示すものはどれか。
>
>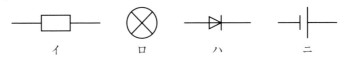
>
> イ　　　　　ロ　　　　　ハ　　　　　ニ

【解説】
　（ロ）は電球、（ハ）はダイオード、（ニ）は直流電源を表す記号である。

■問題3　H31

> 　日本工業規格（JIS）によれば、一般用低圧三相かご形誘導電動機の定格電圧でないものはどれか。

イ　200 V

ロ　220 V

ハ　380 V

ニ　400 V

【解説】

　一般用低圧三相かご形誘導電動機の定格電圧は 200 V、220 V、400 V、440 V である。

■**問題4**　H30

　電気用図記号において、交流電流計を表す記号はどれか。

イ　　　　　　　ロ　　　　　　　ハ　　　　　　　ニ

【解説】

　記号の"A"は電流計を表し、"G"は発電機を表す。

　〜は交流、＝＝は直流を表す。

■**問題5**　H30

　文中の（　　）内に当てはまる語句として、正しいものはどれか。

　常温において、同一寸法で最も電気抵抗率（Ω・cm）が小さいものは、（　　）である。

イ　銅

ロ　アルミニウム

ハ　銀

ニ　ニクロム

【解説】

　電気抵抗率とは、材料の電気伝導のしにくさを表す数値である。数値が小さいほうが、電気を通しやすいことになる。

電気抵抗率は、銀＜銅＜金＜アルミニウム＜鉄＜チタン＜ステンレス＜ニクロムの順で値が大きくなるため、銀が一番電気を通しやすいことになる。ニクロムは、電熱器で用いられる金属で、抵抗率は大きい。

■問題6　H30

> 文中の（　　）内に当てはまる数値として、正しいものはどれか。
>
> 50 Hz で 1500 min^{-1} の三相誘導電動機を 60 Hz で使用した場合、（　　）min^{-1} の回転速度となる。ただし、すべりは考慮しないものとする。
>
> 　イ　　1200
>
> 　ロ　　1350
>
> 　ハ　　1650
>
> 　ニ　　1800

【解説】

　三相誘導電動機の回転数は、50 Hz から 60 Hz に変えると 1.2 倍に増速する。また、逆の場合は 0.8 倍に減速する。この場合は、

　1500 min^{-1}×1.2＝1800 min^{-1} となる。

■問題7　H29

> 次の合成抵抗に関する記述のうち、正しいものはどれか。
>
> 　イ　　10 Ω の抵抗 2 個を直列接続したとき、合成抵抗値は 10 Ω である。
>
> 　ロ　　10 Ω の抵抗 2 個を直列接続したとき、合成抵抗値は 5 Ω である。
>
> 　ハ　　10 Ω の抵抗 2 個を並列接続したとき、合成抵抗値は 20 Ω である。
>
> 　ニ　　10 Ω の抵抗 2 個を並列接続したとき、合成抵抗値は 5 Ω である。

【解説】

　並列接続した抵抗の合成抵抗は、

$$合成抵抗＝\frac{A×B}{A+B}＝\frac{10×10}{10+10}＝5\,Ω$$

■問題 8　H29

日本工業規格（JIS）によれば、電気用図記号のうち、抵抗器を示すものはどれか。

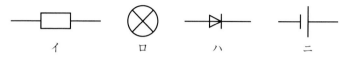

イ　　　　　　　　ロ　　　　　　　　ハ　　　　　　　　ニ

【解説】

　抵抗器を示す記号は（イ）である。（ロ）はランプ、（ハ）はダイオード、（ニ）は直流電源を示す。

■問題 9　H29

　50 Hz 電源で使用していた三相誘導電動機を、60 Hz 電源で使用した場合の状態として、正しいものはどれか。
　イ　回転速度は下がる。
　ロ　回転速度は上がる。
　ハ　回転速度は変化しない。
　ニ　回転しない。

【解説】

　50 Hz で使用していた電動機を 60 Hz の周波数に変えて使用すると、回転数は 2 割上がる。逆に 60 Hz で使用していた電動機を 50 Hz にすると、2 割下がる。

5.9　安全衛生

（1）出題傾向

　労働安全衛生関係法令から出題されることが多く、広い知識が必要となる。1・2 級ともに難易度は変わらず、1 問程度過去に出題された類似問題が出題される傾向にある。

(2) 過去問題とその解説

■問題1　H31

> 次の文中の（　　）内に当てはまる数値の組合せとして、正しいものはどれか。
>
> ハインリッヒの法則とは、1件の重大災害の裏には、（　A　）件のかすり傷程度の軽災害があり、その裏にはケガはないがひやっとした（　B　）件の体験があるというものである。
>
> 　　　（A）　　（B）
> イ　19　　300
> ロ　29　　300
> ハ　19　　500
> ニ　29　　500

【解説】

ハインリッヒの法則は、労働災害における経験則の一つである。一つの重大事故の背景には29の軽微な事故があり、その背景には300の異常が存在するということである。

■問題2　H30

> 文中の（　　）内に当てはまる語句の組合せとして、正しいものはどれか。
>
> 労働安全衛生関係法令によれば、事業者は、研削といしについては、その日の作業を開始する前には（　A　）、研削といしを取り替えたときには（　B　）試運転をしなければならないと規定されている。
>
> 　　　　A　　　　　　　B
> イ　1分間以上　　　3分間以上
> ロ　1分間以上　　　5分間以上
> ハ　3分間以上　　　5分間以上
> ニ　適宜に　　　　　十分に

【解説】

労働安全衛生関係法令によると、研削といしについては、作業前に1分間以上、研削といしを取り換えた後は3分以上試運転をしなければならないと規定されている。

■**問題3** H29

> 文中の（　）内に当てはまる数値として、正しいものはどれか。
> 労働安全衛生関係法令によれば、事業者は、労働者を常時就業させる場所の作業面の照度を、作業の区分が普通の作業の場合には、（　）ルクス以上にしなければならない。ただし、感光材料を取り扱う作業場、坑内の作業場その他特殊な作業を行う作業場については、この限りではない。
>
> イ　50
> ロ　70
> ハ　100
> ニ　150

【解説】

労働安全衛生規則には、労働者を常時就業させる場所の作業面の「照度」の基準が定められていて、「精密な作業」では 300 ルクス以上、「普通の作業」では 150 ルクス以上、「粗な作業」では 70 ルクス以上となっている。

5.10　2級学科試験—B群（多肢択一法）　解答

5.1

番号	1	2	3	4	5	6	7	8	9	10	11	12
解答	ハ	ロ	ニ	イ	ニ	ハ	ニ	ハ	ニ	イ	ハ	ハ

5.2

番号	1	2
解答	イ	ハ

5.3

番号	1	2	3
解答	ハ	ハ	ロ

5.4

番号	1	2	3	4	5	6
解答	イ	ロ	ニ	ニ	イ	ロ

5.5

番号	1	2	3	4	5	6	7	8	9
解答	イ	ニ	ロ	イ	ハ	ロ	イ	イ	イ

5.6

番号	1	2	3	4	5	6	7	8	9	10	11	12	13	14	15	16	17
解答	ロ	ロ	イ	イ	ハ	ハ	ロ	ニ	ニ	ロ	ニ	ロ	ニ	ロ	イ	ハ	ハ

5.7

番号	1	2	3	4	5	6	7	8	9	10	11	12
解答	イ	ニ	イ	ロ	ロ	ハ	ハ	ハ	ニ	ロ	ニ	ハ

5.8

番号	1	2	3	4	5	6	7	8	9
解答	ハ	イ	ハ	イ	ハ	ニ	ニ	イ	ロ

5.9

番号	1	2	3
解答	ロ	イ	ニ

6.1　1級と2級の違いと課題について

　判断等試験においては、1級は課題1から課題6までの6項目、2級は課題1および課題2、課題5、課題6の4項目が出題される。受検する等級により出題数が異なるため、それぞれに合わせた準備が必要である。共通する課題においては、等級により難易度に差はみられない。そのため、本章においては1級と2級を分けずに一括して記載した。ただ2級受検者においては今後の糧にもなることから、1級の試験課題にも取り組むことをお勧めしたい。

　課題6は、試験会場ごとに準備されたマシニングセンタにおいて、準備された測定具などを使用して、インデックステーブルの回転中心の芯出しを行い、X軸またはY軸座標値を求める作業である。また、試験会場ごとに使用するマシニングセンタが違う（受検場所の設備によっては立て形ではなく、横形の場合もある）ため、試験前に機械公開日（下見）が設けられている。当日の試験の流れや機械の仕様について確認することができるため、是非参加してもらいたい。詳細は都道府県職業能力開発協会に問い合わせること。

　受検者が持参するものとして、以下のものが求められている。

　鉛筆や消しゴムなどの筆記用具一式、電子式卓上計算機（電池式）一つ（関数電卓可）、作業服など（作業服や安全靴、保護帽子）一式（機械加工用が必須）、また熱中症対策などとして飲料の持ち込みが推奨されている。

6.2　問題の概要

　課題1は、仕上げ面に対応する加工方法の選定がテーマで、試験では示された部品における5種類の穴仕上げ面に対応する加工方法を選択する。試験時間は5分。

課題２は、表面粗さ及び送り速度の判定の選定がテーマで、試験では提示された部品の切削加工面の表面粗さを目視で測定し、さらに、この部品の切削加工面の表面粗さを、提示された表面粗さに加工するために必要な送り速度を計算する。試験時間は５分。

　課題３は、表面粗さに対応する刃具の選定がテーマで、試験では提示されたある部品の表面フライス削りによるチップの材質に対する表面粗さのデータ２種類及びその際の切削条件などに対して、それぞれ該当するチップの種類を選定する。１級のみに実施され、試験時間は５分。

　課題４は、仕上げ加工の判定がテーマで、試験では**参考図１**（平成31年度１級試験問題に出題）に示すようなブロック加工図面において、図中のA面及びB面を提示されたエンドミルで仕上げ加工前の試し切削を行った際のa-a′間及びb-b′間の値に対して、このエンドミルで仕上げ加工を行ってもよいかどうかの適否を判定し、さらにこの切削面の勾配を０（ゼロ）にするためのエンドミルのバックテーパ値を計算する。１級のみに実施され、試験時間は５分。

　課題５は、工作物の測定がテーマで、試験では**参考図２**（平成31年度１級試験問題に出題）に示すような形状の部品において、提示された測定箇所A及びB（内径及び深さ）を、準備された測定具などを使用して測定する。試験時間は５分。

　課題６は、マシニングセンタの芯出し作業がテーマで、試験では準備され

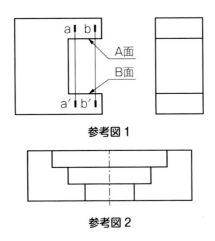

参考図１

参考図２

たマシニングセンタにおいて、準備された測定具などを使用して、インデックステーブルの回転中心の芯出しを行い、X軸またはY軸座標値を求める。試験時間は10分。

　試験時間の合計は、1級が35分で、2級は25分である。

6.3　課題の解説及び取り組み方

6.3.1　課題1：仕上げ面に対応する加工方法の選定

(1) 設問

　提示された部品のA〜Eの穴の仕上げ面に対応する加工方法として、適合するものを、次の〈加工方法〉から一つずつ選び、解答欄に記号で答えなさい。なお、部品の材質は、S48Cである。

　上述の部品のA〜Eには、試験の際には部品書きされている。なお、本設問は1級試験及び2級試験に出題される。

〈加工方法〉
　（イ）リーマ加工
　（ロ）ローラーバニシング加工
　（ハ）エンドミル加工
　（ニ）ボーリング加工
　（ホ）ドリル加工

(2) 解説及び取り組み方

　机上には各工具で穴加工された5種類の部品が提示される。その提示された部品が〈加工方法〉で示されたうちのどれかを解答する。解答を導き出すためには各種加工法の特徴や加工面、使用する工具をしっかり把握しておく必要がある（**図6.3.1**）。以下にそれらについて解説する。

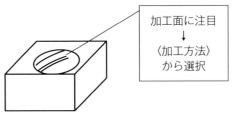

加工面に注目
↓
〈加工方法〉
から選択

図6.3.1　考え方の手順

① リーマ加工

　特徴としては、

　1）機械作業用

　2）食付き部は約45°

　3）ストレートシャンクと円錐状になっているテーパシャンクの2種類がある

　4）下穴の精度が悪い場合は、倣って加工してしまう

があげられる。

　加工面は、バニシング効果により、押しつぶしたようになるのが特徴である（**図6.3.2**）。

　使用する工具は、チャッキングリーマ（写真はストレートシャンクタイプ）である（**図6.3.3**）。

図6.3.2　リーマ加工の加工面

図6.3.3　チャッキングリーマ

② ローラーバニシング加工

　特徴は、ツールヘッドのローラーを高速で回転させ、ワーク表面に圧力をかけ凹凸をならし平滑面に仕上げることである。加工面は光沢のある面とな

り、選択肢の中で一番面が綺麗になる（**図6.3.4**）。

使用する工具は、ローラーバニシングである（**図6.3.5**）。

図6.3.4　ローラーバニシン
　　　　グ加工の加工面

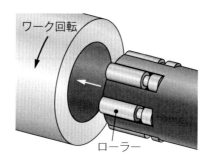

図6.3.5　ローラーバニシング

③　エンドミル加工

下穴を加工後、エンドミルにて側面加工を行う。加工物には線接触をする
ため、比較的均一な面が得られるのが特徴である。加工面は全体的に均一な
面粗さであるが、ボーリングのようならせん状の筋目は現れないのが特徴で
ある（**図6.3.6**）。

使用する工具は、スクエアエンドミル4枚刃である（**図6.3.7**）。

図6.3.6　エンドミル加工

図6.3.7　スクエアエン
　　　　ドミル4枚刃

④　ボーリング加工

リーマと加工面が似ているが、均一な送りにより、加工筋目が均一となる
のが特徴である（リーマは送りが速く、バニシ刃により面の筋目が少しわか
りにくい）。加工面は、らせん状の筋目が特徴である（**図6.3.8**）。

使用する工具は、ボーリング仕上げ用ツーリングである（**図6.3.9**）。

図6.3.8　ボーリング加工の
　　　　　加工面

図6.3.9　ボーリング仕上げ用
　　　　　ツーリング（BIG製）

⑤　ドリル加工

　特徴は、加工中に大きな負荷により振れが生じるため、傷がつきやすいことである。

　加工面にはむしれがあり、選択肢の中で一番面が粗いのが特徴である（**図6.3.10**）。

　使用する工具は、テーパシャンクドリルである（**図6.3.11**）。

図6.3.10　ドリル加工の加工面

図6.3.11　テーパシャンクドリル

6.3.2　課題2：表面粗さ及び送り速度の判定

（1）設問

　提示された部品の切削加工面の表面粗さを目視で測定し、その測定値を解答欄に記入しなさい。また、この部品の切削加工面を、提示された表面粗さに加工するために必要な送り速度を計算し、その計算値を解答欄に記入しなさい。なお、主軸回転速度は一定とする。

本設問は 1 級試験及び 2 級試験に出題される。

(2) 解説及び取り組み方

机上には提示された条件で、フライス加工されたブロックが置いてある。指示された面を間違えないように注意すること。

※注意　解答は小数点以下第 1 位を四捨五入し、整数値で記入すること。

(3) 計算例

繰り返しになるが、課題 2 は提示された部品の切削加工面の表面粗さを目視で測定する。さらに、この部品の切削加工面の表面粗さを、提示された表面粗さに加工するために必要な送り速度を計算する。ここでは 30 μm と解答し、指示された表面粗さが「15 μm」であった場合、

$$\underset{\substack{\text{提示された} \\ \text{現在の送り速度}}}{600\,[\text{mm/min}]} \times \frac{15\,[\mu\text{m}]\ \text{指示された表面粗さ}}{30\,[\mu\text{m}]\ \text{目測した表面粗さ}} = 300\,[\text{mm/min}]$$

6.3.3 課題 3：表面粗さに対応する刃具の選定
(1) 設問

提示された［a データ］及び［b データ］は、ある部品を正面フライス削りした場合の粗さ曲線データである。被削材チップの親和性の良否及び提示された〈切削条件等〉を考え合わせた場合、それぞれのデータに該当する最も一般的なチップを次の〈チップの種類〉から一つずつ選び、解答欄に、記号で答えなさい。

本設問は、1 級試験のみ出題される。

〈チップの種類〉

　（イ）超硬チップ

　（ロ）CBN チップ

　（ハ）セラミックチップ

　（ニ）ダイヤモンドチップ

(2) 解説及び取り組み方

机上には、［a データ］及び［b データ］の表面粗さ曲線のデータと加工を行った切削条件などが提示される。それらの情報をもとにして解答する。

(3) 解答の手順

以下の要件を踏まえて、切削条件などから被削材を確認する。

- ・被削材が非鉄金属系（アルミニウム）であれば、仕上げデータはダイヤモンドチップ、粗いデータは超硬チップとなる。
- ・被削材が鉄鋼材料（炭素鋼）であれば、仕上げのデータは CBN チップ、粗いデータは超硬チップとなる。
- ・被削材が鉄鋼材料（鋳鉄）であれば、仕上げのデータはセラミックチップ、粗いデータは超硬チップとなる。

以上のように、推測することができる。

(4) 各チップの特徴

① 超硬チップ

超硬チップは、タングステン（W）、チタニウム（Ti）、タンタル（Ta）の硬い高融点炭化物である炭化タングステン（WC）、炭化チタニウム（TiC）、炭化タンタル（TaC）の細粒と比較的軟らかい低融点の結合剤コバルト（Co）の微粉末とを混合して型に入れて加圧し、これを加熱成形した焼結合金である。切削工具用の超硬合金材種は、P 種、M 種、K 種の 3 種類に分けられている。P 種は鋼、M 種はステンレス、K 種は非鉄金属（アルミニウム）や鋳鉄、非金属を被削材として選定している。

② CBN チップ

ほう素（B）と窒素（N）の化合物である立方晶窒化ほう素をセラミックスやコバルトを結合剤として、高温高圧下で焼結した工具材料である。超硬やサーメット、セラミックスと比較して著しく硬度が高く、ダイヤモンドに次いで硬度が高い。CBN チップは主に、高硬度の鉄系焼結合金やチルド鋳鉄などの精密仕上げ切削に用いられる。

③　セラミックスチップ

酸化アルミニウム（Al$_2$O$_3$）の微粉と他の付加金属を焼結した工業材料である。高温において化学的に極めて安定しているため、鉄系金属との親和性が少なく、鋳鉄の高速切削に適応する。しかし、主成分である酸化アルミニウムは、超硬に比べて抗折力が1/4と脆く、熱伝導率も低いため、熱衝撃によるチッピングが起こりやすい。

④　ダイヤモンドチップ

ダイヤモンドチップは耐摩耗性、耐熱性に優れ、アルミニウムなどの切削に対し、構成刃先が発生しにくい。切れ味のよい鋭利な刃先により、鏡面加工が実現できる。

6.3.4　課題4：仕上げ加工の判定

（1）設問

提示された〈ブロック加工図面〉に基づき、図中のA面及びB面を、提示されたφ35のエンドミルで仕上げ加工前の試し切削を行い、図中のa-a′間及びb-b′間を測定した結果、提示された値となった。

このエンドミルで仕上げ加工を行ってもよいかどうかを判断し、解答欄に示す「適」「否」のどちらかに○印をつけなさい。

また、この切削面のこう配を0（ゼロ）にするためには、提示されたエンドミルのバックテーパ値をいくらにすればよいかを計算し、その計算値を解答欄に記入しなさい。

本設問は、1級試験のみ出題される。

（2）解説及び取り組み方

試験場で提示される、エンドミルとブロック加工図面とa-a′間及びb-b′間を測定した結果をもとに、計算を行う。提示されるエンドミルをマイクロメータを用いてバックテーパ値を計算するため、短時間で測定する技能が必要である。

(3) 解答の手順

課題例を用いて解答の手順を解説する。

① a–a′ 間寸法と b–b′ 間寸法を確認する

例題図（**図 6.3.12**）より、a–a′ 間寸法は 60.01 mm で、b–b′ 間寸法は 60.04 mm（口元が広がっていて、底が狭い状態）であることがわかる。

② A 面と B 面の幾何公差（平行度）の指示は 0.01

⇒試し加工後は 60.04−60.01＝0.03 となり、平行度の 0.01 を超えているため、判定は「否」に○をつける。

③机上にある、エンドミルをマイクロメータで測定する

測定する箇所は、刃先付近と刃先から 70 mm 付近の 2 箇所である（解答欄は、テーパの分母が 70 となっている）。

例えば、刃先付近が「24.98」、刃先から 70 mm 付近は「24.95」とする。

⇒エンドミルのバックテーパは、24.98−24.95＝0.03

計算は、寸法の差が 0.03 mm エンドミルのバックテーパが 0.03 mm であるため、解答は「0.06 mm/70」となる。

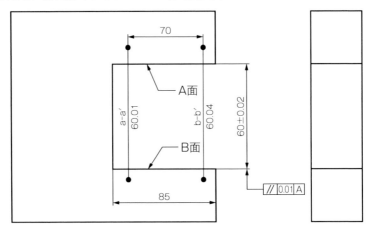

図 6.3.12 課題例

6.3.5 課題 5：工作物の測定

(1) 設問

提示された部品について、指示された A 及び B の 2 箇所を、準備された

156

測定具などを使用して測定し、その測定値を解答欄に記入しなさい。

　本設問は、1級試験及び設問の内容は若干異なるが、2級試験にも出題される。なお、2級試験では課題3として出題されている。

（2）注意事項

　・準備してあるデプスマイクロメータ及び外側マイクロメータについては、0点調整は行わないこと。

　・準備してあるシリンダーゲージについては、換えロッドを選択し、シリンダーゲージ本体に取り付けた後、測定を行い、測定終了後は与えられた状態に戻しておくこと。

　・準備してあるウエスまたはセーム皮は、部品、測定具などの清拭用として使用すること。

　・<u>解答は、小数点以下第3位まで求めること。</u>

　・デプスマイクロメータ及び外側マイクロメータについては、測定終了後は与えられた状態に戻しておくこと。

　・部品番号がつけてあるものについては、部品番号欄に記入すること。

　・採点欄には記入しないこと。

（3）解説及び取り組み方

　試験場で、部品と測定箇所が記載された図面が提示される（**図6.3.13**、**図6.3.14**）。それをもとに内径の測定であれば、シリンダーゲージを用いて測定する。深さの測定であれば、デプスマイクロメータを使用して測定する。

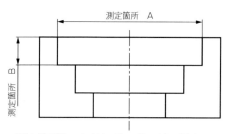

※測定箇所A：シリンダーゲージで測定
　測定箇所B：デプスマイクロメータで測定

図6.3.13　測定箇所の指示図面

**図6.3.14　測定用部品
（立体）**

いずれも0.001単位まで読み取る必要があり、5分以内で正確に測ることができるよう準備が必要である。

(4) 解答の手順

測定箇所A及びBを確認する。

① A（内径）の寸法測定方法

1) ウエスで部品及び測定器を拭く。
2) ノギスで内径を測定し、基準値をとる。
3) 基準値をもとに、シリンダーゲージに換えロッドをセットする。
4) 外側マイクロメータを用いて、シリンダーゲージの0点調整を行う。
5) シリンダーゲージを用いて、Aの直径を測定する。測定値は小数点第3位まで必ず記入すること。

② B（深さ）の寸法測定方法

1) ウエスで部品及び測定器を拭く。
2) デプスマイクロメータを用いて、Bの深さを測定する。測定値は小数点第3位まで必ず記入すること。

※注意　指示された箇所および解答欄に注意して作業を進めること。

6.3.6 課題6：マシニングセンタの芯出し作業

(1) 設問

準備されたマシニングセンタにおいて、準備された測定具などを使用して、インデックステーブルの回転中心の芯出しを行い、X軸またはY軸座標値を解答欄に記入しなさい。

(2) 注意事項

・解答するX軸またはY軸座標値については、作業開始点を原点とする座標系とし、小数点以下第3位まで求めること。なお、X軸、Y軸及びZ軸は、あらかじめ作業開始点に位置決めしてある。
・テストバーは主軸に装着済みである。

・作業を開始する前に、座標表示装置における、X軸、Y軸及びZ軸座標値が 0.000 になっていることを確認すること。

・準備してある手鏡及びウエスまたはセーム皮は、適宜使用すること。

・てこ式ダイヤルゲージ、手鏡及びウエスまたはセーム皮は、測定終了後は与えられたときの状態に戻しておくこと。

・採点欄には記入しないこと。

・提示してある各軸座標の概略値の内容は、次のとおりである。

① X軸で解答する場合

X軸：インデックステーブル回転中心の概略の座標値

Y軸：測定は支障のない位置における概略の座標値

Z軸：測定に支障のない位置における概略の座標値

② Y軸で解答する場合

X軸：測定に支障のない位置における概略の座標値

Y軸：インデックステーブル回転中心の概略の座標値

Z軸：測定に支障のない位置における概略の座標値

(3) 解説及び取り組み方

試験時間は 10 分である。横形マシニングセンタによる X 軸の芯出し作業を説明する。

① 手順 1 のポイント

基準バーは Z 軸方向に長いので、干渉しない範囲で、なるべく根元に近い位置にてこ式ダイヤルゲージをセットする（振れのなるべく小さいところを選ぶ）。マグネットベースは、パレットの前後方法の中心位置付近にセットすること。そうしないと、手順 4 のパレットを 180° 旋回させたとき、ダイヤルゲージが前後方向にずれてしまって、基準バーの同じ根元に来なくなる場合がある。

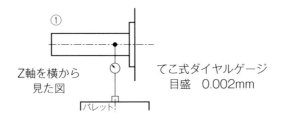

① Z軸を横から
見た図

てこ式ダイヤルゲージ
目盛　0.002mm

パレット

② **手順２のポイント**

Ｙ軸パルスハンドルてこ式ダイヤルゲージを上下させ一番高いところを探す。そこが、基準バーの中心である。すべての作業を行う前に、Ｙ軸とＢ軸の中心を故意にずらしておく（Ｘ方向に 0.1〜0.2 mm 程度）。このずれ量が、芯出し作業により求める量である。

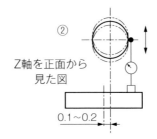

② Z軸を正面から
見た図

0.1〜0.2

③ **手順３のポイント**

基準バーの中心をダイヤルゲージで探せたら、さらに基準バーを回転させて、ダイヤルゲージの針の振れの一番高いところを探す。ここを、目盛り「0」に合わせ、NC装置のカウンタ値も全軸「0」にする（基準バーおよび主軸の振れがあっても、一番振れているところを「0」とする）。

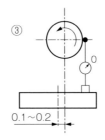

③

0

0.1〜0.2

④ **手順４のポイント**

基準バーとダイヤルゲージが接触しない位置までＹ軸を逃がす（この際、

Z 軸は動かさない）。ダイヤルゲージをそのままにして、B 軸を 180° 旋回
させる（申し出れば補佐員が行ってくれる）。カウンタ値の Y が「0」になる
ところまでパルスハンドルで Y 軸を降ろし、上下させ、ダイヤルゲージが一
番高くなるところで Y 軸を止める。手順 3 と同様、基準バーを回転させ、一
番高いところで止め、針が目盛りの「0」の位置に行くまで X 軸を慎重にパ
ルハンドルで移動させる（押し込んでいく）。

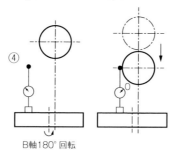

B軸180°回転

⑤　手順 5 のポイント

　旋回する前のパレット中心位置と、パレット中心位置の距離は、主軸を基
準として、芯ずれ量の 2 倍となっているので、カウンタの X 値を 2 で割っ
た値が、求める芯ずれ量となる（マイナス値であってもマイナスは書かな
い）。

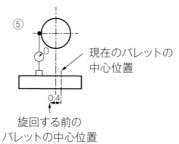

現在のパレットの
中心位置

0.4

旋回する前の
パレットの中心位置

6.4　試験会場のレイアウト例

　試験会場は、課題ごとに仕分けられ、それぞれに必要な計器や備品などが
置かれている。それら位置や配置などを事前に把握しておくと、いざ試験と
いうときにまごつかなくて済むようになる。試験会場のレイアウトの一例を
掲載するので、参考にしてほしい。

【試験会場レイアウト例】 1級の場合

課題番号1

各種加工法により加工を行った部品が5つ

課題番号2

目視で測定する部品

面粗さの提示
Rz○μm

課題番号3

2種類の
表面粗さデータ
切削条件表

課題番号4

ブロック
加工図面
a-a'間とb-b'間の値

エンドミル
（台つき）

スケール

外側マイク
ロメータ

ウエスまた
はセーム皮

課題番号5

部品
（リング形状）

測定箇所の指示

外側マイクロメータ

デプスマイクロメータ

シリンダーゲージ
（換えロット含む）

ウエスまた
はセーム皮

ノギス

課題番号6

実機
（マシニングセンタ）
主軸にテストバーつき

各軸の概略値

てこ式
ダイヤルゲージ
スタンドつき

手鏡

ウエスまた
はセーム皮

第7章　1級実技試験─計画立案等作業試験

7.1　試験の傾向

　例年9問の課題が出題され、解答時間は1時間40分である。特に問題3、4、9のプログラムの読解には時間を要する。これは現場でプログラムの不具合を発見する能力が必要とされているためである。また計算問題が2問出題されているが、これもプログラムの効率を考えることができるかを問うためのものである。そのほか、加工に関する基本的な知識を問う問題も出題されている。

7.2　基本事項

　例年次の内容が出題されている。工具の摩耗、材料の取り付け方法、座標読解、加工順序、加工条件（回転数、送り、切込み）、エンゲージ角度の違いによる切込み深さの算出、加工トラブルについて、ツーリングリスト（工具の組み合わせ）、プログラムの間違い探しである。

7.3　過去の試験と解説、取り組み方

　ここからは、過去3年分の試験と解説を掲載する。先に解説を読むのもいいが、まずは自分で解いてみるのが一番の勉強になる。計算問題においては、小数点以下を四捨五入する桁数が出題年によって違うことがあるので、注意を払う必要ある。過去3年分の問題をこなせば、出題範囲をほぼ網羅できるであろう。

■問題1

下表は切削工具の、障害の分類と対策についてまとめたものである。表中の（①）～（⑧）に当てはまる適切な語句を【A群】からそれぞれ一つずつ選び、解答欄に記号で答えなさい。また、表中の（⑨）～（⑮）に当てはまる適切な図を【B群】からそれぞれ一つずつ選び、解答欄に記号で答えなさい。

ただし、同一記号を重複して使用してはならない。

切削工具の障害対策一覧表

障害の分類		障害の対策方法
名称	形状	
摩耗 ① 摩耗	⑨	切削速度を下げる。送り速度を上げる。 耐摩耗性の高い工具材種にする。逃げ角を大きくする。
② 摩耗	⑩	切削速度を（③）。送り速度を下げる。 耐摩耗性の高い工具材種にする。すくい角を大きくする。
すくい面摩耗	⑪	切削速度を下げる。送り速度を下げる。 耐摩耗性の高い工具材種にする。すくい角を大きくする。
チッピング	⑫	送り速度を下げる。（④）の高い工具材種にする。 ホーニングを大きくする。 剛性の高いホルダや工具を使用する。
⑤	⑬	切削速度を下げる。送り速度を下げる。耐摩耗性の高い工具材種にする。熱伝導率の大きい工具材種にする。
⑥		送り速度を下げる。親和性の低い工具材種にする。 すくい角を小さくする。切込み量を少なくする。
⑦	⑭	切削速度を下げる。送り速度を下げる。靭性の高い工具材種にする。乾式切削にする。
⑧	⑮	切削速度を上げる。親和性の低い工具材種にする。 すくい角を大きくする。

【A群】

記号	語句	記号	語句	記号	語句	記号	語句
ア	はく離	イ	下げる	ウ	切削	エ	親和性
オ	塑性変形	カ	境界	キ	上げる	ク	熱き裂
ケ	逃げ面	コ	先端	サ	チッピング	シ	構成刃先
ス	靱性						

【B群】

記号	図	記号	図	記号	図	記号	図
セ		ソ		タ		チ	
ツ		テ		ト		ナ	

【解説】

　切削中の工具は、切くずと被削材との滑り摩耗、切削抵抗、切削熱など、さまざまな要因により次第に損傷していき、障害を引き起こす原因となる。問題の解答を**表7.4.1**にまとめた。障害の対策方法欄に記述された摩耗の原因や対処の理由などに習熟して、切削工具の障害対策を身につけてもらいたい。

　平成29年度（以下H29と表示する）にも同様な問題が取り上げられている。違いは障害対策に加え、障害の定義も出題されていることだ。取り上げられた定義は次のものである。

　・逃げ面摩耗：逃げ面に生じる摩耗。

　・すくい面摩耗：すくい面に生じる摩耗。

　・破壊：切削によって刃部の全体に及ぶ破壊。通常、破壊が生じると切削不能になる。

　・き裂：切削によって刃部に生じたき裂及び割れ。クラックともいう。

　なお、解答は章末に掲載する。

表7.4.1 切削工具の障害対策

障害の分類		障害の対策方法
名称	形状	
摩耗 — 逃げ面摩耗		・切削速度を下げる。 ・送り速度を上げる。 **ここに注意！** ※送りが低いと、擦れる要素が多くなり摩耗が進む。 ・逃げ角を大きくする。 ※逃げ面への切りくずの当たりを減らすため。 ・耐摩耗性の高い工具材種にする。 　もっとも一般的な摩耗で正常摩耗や機械的摩耗ともいう。
摩耗 — 境界摩耗		・切削速度を下げる。 ※切削速度が速いと温度が上がり摩耗を早める。 ・送り速度を下げる。 ※送りが速いと切削量が増え、熱が発生する。 ・すくい角を大きくする。 ※すくい角を大きくすると切れ味が上がる。 ・耐摩耗性の高い工具材種にする。 　主切れ刃摩耗ともいい、加工境界部の酸化摩耗である。 ※オーステナイト系ステンレスは加工硬化した面が切刃に当たって高温になり空気中の酸素と反応して摩耗が発生する。
摩耗 — すくい面摩耗		**基本的な対策は、境界摩耗と同じである。** ・切削速度を下げる。 ・送り速度を下げる。 ・すくい角を大きくする。 ・耐摩耗性の高い工具材種にする。 　切削で高温になった切りくずにより発生する。クレータ摩耗や熱的摩耗ともいう。
チッピング		・送り速度を下げる。 ・**靭性**の高い工具材種にする。 ・ホーニングを大きくする。 ・剛性の高いホルダや工具を使用する。 　衝撃や振動によって発生する現象である。
塑性変形		・切削速度を下げる。 ・送り速度を下げる。 ・耐摩耗性の高い工具材種にする。 ・熱伝導率の大きい工具材種にする。 ※**熱伝導が大きいと熱を切刃に溜めず放出しやすくなる。**
はく離		・送り速度を下げる。 ・親和性の低い工具材種にする。 ・すくい角を**小さく**する。 **ここに注意！** ※すくい角が大きいと、切りくずの接触弧長さ（擦れる長さ）が長くなる。 ・切込み量を少なくする。 　切削によって刃部に生じたうろこ状の欠損。

166

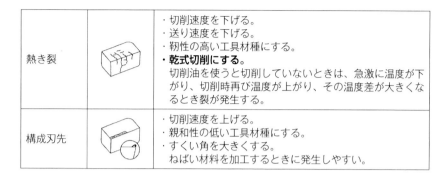

熱き裂		・切削速度を下げる。 ・送り速度を下げる。 ・靭性の高い工具材種にする。 ・**乾式切削にする。** 切削油を使うと切削していないときは、急激に温度が下がり、切削時再び温度が上がり、その温度差が大きくなるとき裂が発生する。
構成刃先		・切削速度を上げる。 ・親和性の低い工具材種にする。 ・すくい角を大きくする。 ねばい材料を加工するときに発生しやすい。

■問題2

　工作物を加工する際の取り付けについて、各設問に答えなさい。

設問1　治具・取付具に関する記述として、以下の文章の（①）～（⑦）に当てはまる適切な語句を下記の【語群】からそれぞれ一つずつ選び、解答欄に記号で答えなさい。

　ただし、同一記号を重複して使用してはならない。

・下図のように、テーブル上にバイスを取り付ける際には、テーブルのX軸移動方向に対する固定口金の（①）や、テーブル上面に対する固定口金の（②）、テーブル上面に対するバイス摺動面の（①）について、（③）などを使用して精度確認を行う。また、工作物をバイスに取り付ける際には、切削力を（④）側で受けられるように取り付け、切削力により工作物が動かないようにする。

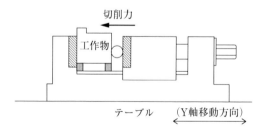

・下図のように、工作物をテーブルに直接取り付ける際には、取付具は工作物に対して（⑤）なるのが望ましく、締付けボルトの位置は工作物（⑥）にする。また、過度のボルト締付けは工作物や取付具の変形等を招き、工作物の保持力が（⑦）するおそれがあるので注意する。

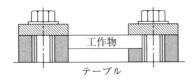

工作物

テーブル

【語群】

記号	語句	記号	語句	記号	語句
ア	増大	イ	高めに	ウ	ダイヤルゲージ
エ	から遠く	オ	トースカン	カ	移動口金
キ	固定口金	ク	近く（寄り）	ケ	平行度
コ	低めに	サ	斜めに	シ	直角度
ス	低下	セ	平行に		

設問2　下図のように、工作物をボルトによる締付け力56 kN で固定した場合、工作物に加わる力 Wa 及びジャッキに加わる力 Wb を計算し、解答欄に数値で答えなさい。

　ただし、締付けによる変形及び取付具の質量は考慮しないものとする。

　なお、解答は小数第1位を四捨五入して、「整数値」とすること。

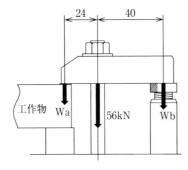

（単位：mm）

【解説】

[設問1]

　バイスの平行直角は、ダイヤルゲージで確認することがほとんどである。また切削力は固定側で受けるように取り付ける。移動口金側は、口金をしゅう動させるために隙間があるため、固定側よりは弱くなる。この問題は2級（H31）にも出題されている。違いは質問の項目数が一つ少ないだけである。

２級受検者にもこの問題に取り組むことをお勧めする。

［設問２］

　ボルトから Wa、Wb までの距離の比率は、24：40 より３：５となる。ボルトに距離が近いほうが力は強くなるため、力を計算すると、Wa＝56×5/8＝35 kN、Wb＝56×3/8＝21 kN となる。なお、この問題は２級（H31）でも出題されている。違いは質問の項目数が一つ少ないだけである。２級受検者にもこの問題に取り組むことをお勧めする。

■**問題３**

　下図の加工図に示す製品を φ20 mm のエンドミルを使用してポケットの側面加工を行う場合、工具通過点の座標値として正しいものを【解答群】より１つ選び、解答欄に記号で答えなさい。

　ただし、工具径補正は使用しないこととし、図中の◗印は、プログラム原点とする。

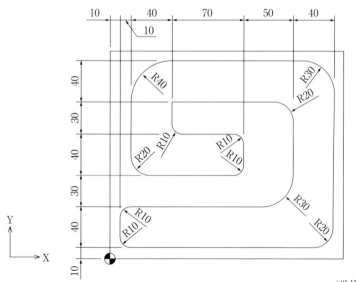

（単位：mm）

169

【解答群】

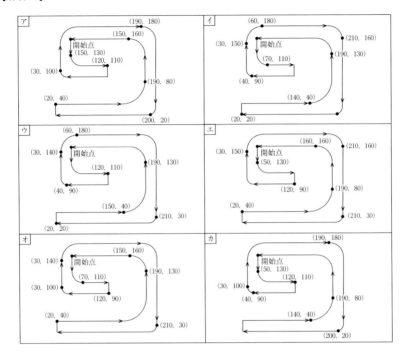

【解説】

φ20 のエンドミルを書き込んだものが**図 7.4.1** である。「工具径補正は使用しない」とあるので、このエンドミルの中心の座標を根気よく拾う。**図 7.4.2** に座標の考え方を示す。

図 7.4.1 のようにエンドミルの中心をプロットしていくと、**図 7.4.3** の○の箇所が違っているのがわかる。全部正解しているのは（エ）である。早く解答する方法としては、まず次のように座標をすべて書き出し比べて探すのがよい。

X50.0Y160.0；　　X40.0Y90.0；　　　X210.0Y160.0；

X50.0Y130.0；　　X30.0Y100.0；　　X210.0Y30.0；

X70.0Y110.0；　　X30.0Y150.0；　　X200.0Y20.0；

X120.0Y110.0；　　X60.0Y180.0；　　X20.0Y20.0；

X120.0Y90.0；　　X190.0Y180.0；　　X20.0Y40.0；

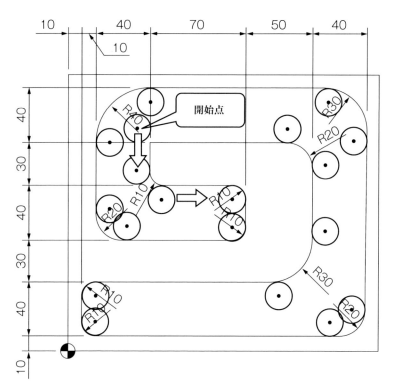

図 7.4.1　エンドミル通過

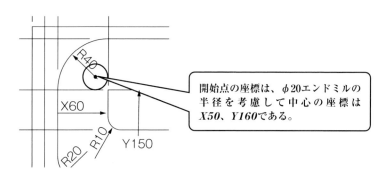

図 7.4.2　座標の考え方

X150.0Y40.0；　　X160.0Y160.0；
X190.0Y80.0；
X190.0Y130.0；

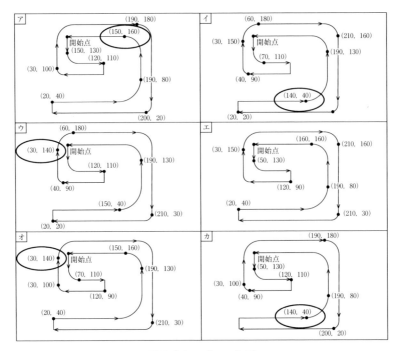

図 7.4.3　プロット図

■**問題 4**

　下図に示す工作物を横形マシニングセンタで加工する際、一般的な加工順序（①
～⑭）に対応する工具名を下記の【ツールリスト】からそれぞれ一つずつ選び、解
答欄に記号で答えなさい。

　なお、一部の加工順序については、既に決定済みであるため、解答欄の空欄を埋
めること。

　ただし、同一記号を重複して使用してはならない。

　また、割出しテーブルの割出し回数は最小限とし、タップ穴と座ぐり穴には、セ
ンタ穴ドリルを使用すること。（φ50H7 部は、鋳抜き穴とする。）

172

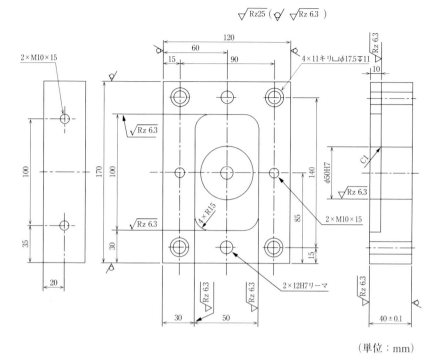

（単位：mm）

【ツールリスト】

記号	工具名	記号	工具名
ア	φ8.5 ドリル	イ	φ80 仕上げ用正面フライス
ウ	φ20×90° 面取りカッタ	エ	M10 タップ
オ	φ11 ドリル	カ	φ12 リーマ
キ	φ80 荒用正面フライス	ク	φ50H7 仕上げ用ボーリング
ケ	φ11.7 スロッチングエンドミル	コ	φ25 仕上げ用エンドミル
サ	φ17.5 座ぐり用エンドミル	シ	φ49.6 荒用ボーリング
ス	φ4 センタ穴ドリル（JIS R-1型）	セ	φ25 荒用エンドミル

【解説】

　②φ49.6荒用ボーリング、⑦φ17.5座ぐり用エンドミル、⑧面取りカッター、⑪φ80仕上げ用正面フライス、⑫φ25仕上げ用エンドミル、⑭φ50H7仕上げ用ボーリングがすでに決められているため、これを考慮し、テーブル割り出し回数を最小かつ、切削による負荷が大きい順に工程を考える必要

173

がある。**図 7.4.4** に工程を示す。下線付きはすでに決められている順番である。

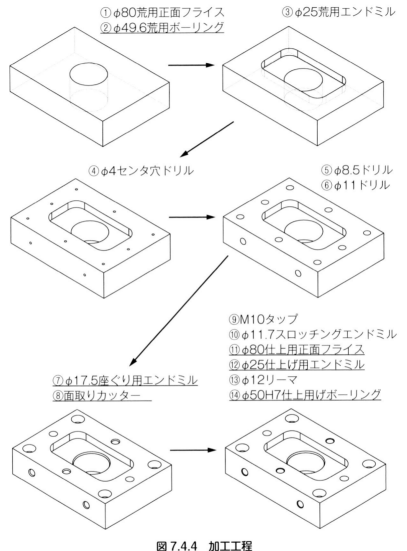

①φ80荒用正面フライス
②φ49.6荒用ボーリング

③φ25荒用エンドミル

④φ4センタ穴ドリル

⑤φ8.5ドリル
⑥φ11ドリル

⑨M10タップ
⑩φ11.7スロッチングエンドミル
⑪φ80仕上用正面フライス
⑫φ25仕上げ用エンドミル
⑬φ12リーマ
⑭φ50H7仕上げ用ボーリング

⑦φ17.5座ぐり用エンドミル
⑧面取りカッター

図 7.4.4　加工工程

■問題5

　鋳鉄角材の一面を下記の【条件】で正面フライスで加工し、引き続きタップ加工を行う場合、下表の①〜⑩に当てはまる数値を求め、解答欄に数値で答えなさい。

ただし、解答する数値については、下記のとおりとすること。

なお、正面フライスの荒加工及び仕上げ加工は、ともに角材の中心を通る1パスとし、仕上げ加工のみフライスカッタを角材から抜いた最小の切削長さを計算することとし、切削時間は位置決め時間を含まないものとする。

［①〜⑩の解答数値について］

◆①〜③、⑤〜⑦、⑨、⑩

小数第1位を四捨五入して、「整数値」とすること。

◆④、⑧

小数第3位を四捨五入して、「小数第2位までの値」とすること。

【条件】

角材加工面寸法	325 mm×80 mm
正面フライス諸元	φ100　6枚刃
ドリル諸元	φ10.3　先端角118°
タップ諸元	M12×1.75
タップ食付き部の長さ	2.5 山
フライス加工後の板厚	16 mm
タップ穴数	6箇所通し
各工具のアプローチ量と逃げ量	2 mm
円周率	3.14

加工内容	切削速度 (m/min)	主軸回転速度 (min⁻¹)	1刃当たりの送り (mm/tooth)	1回転当たりの送り (mm/rev)	送り速度 (mm/min)	切削長さ (mm)	切削時間 (min)
正面フライス荒加工	190	①	0.30	—	②	③	④
正面フライス仕上げ加工	⑤	900	0.15	—	⑥	⑦	⑧
ドリル加工	45	⑨	—	0.24	⑩	—	—
タップ加工	26.4	700	—	—	1225	—	—

【解説】

小数第1位を四捨五入して「整数値」とする、に注意して

①正面スライス直径100 mm、切削速度190 m/minより

$$n = \frac{1000 V_c}{\pi D} \cdots\cdots\cdots\cdots n = \frac{1000 \times 190}{3.14 \times 100}$$

$$= 605.09 \cdots\cdots\cdots\cdots 605 \text{ [min}^{-1}\text{]}$$

②１刃当たりの送り 0.3 mm/tooth、回転数 605 min⁻¹、刃数６枚より

$$Vf=fz·n·z \cdots\cdots\cdots\cdots 0.3×605×6=108 \, [mm/min]$$

③切削長さ＝アプローチ量＋材料長さ＋**切削終了時の工具位置**＋逃げ量

切削距離を出すには、切削終了時の工具の位置を計算する必要がある（**図7.4.5**）。

図7.4.6 より、切削長さ＝2＋325＋20＋2＝349 [mm] である。

20＝（切削終了時の工具位置）
＝50（工具半径）－30

$$30=\sqrt{50^2-40^2}$$

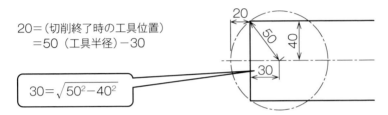

図 7.4.5　切削終了時の工具位置

図 7.4.6　切削距離

④小数第３位を四捨五入して「小数以下第２位までの値」とすること、に注意して次のとおり考える。

切削時間＝切削長さ/送り …… 切削時間＝349/1089

$$=0.3204 \cdots\cdots 0.32 \, [min]$$

⑤主軸回転速度 900 min⁻¹、正面フライス径 100 mm より

$$Vc=\frac{\pi Dn}{1000} \cdots\cdots\cdots\cdots Vc=\frac{3.14×100×900}{1000}$$

$$=282.6 \cdots\cdots\cdots\cdots 283 \, [m/min]$$

⑥１刃当たりの送り 0.15 mm/tooth、回転数 900 min⁻¹、刃数６枚より

$$Vf=fz·n·z \cdots\cdots\cdots\cdots Vf=0.15×900×6=810 \, [mm/min]$$

⑦仕上げ加工は、フライスカッターを角材から抜いた最小の切削長さとあ

図7.4.7　仕上げ切削距離

るので、**図7.4.7**のようになる。

切削距離＝2＋325＋2＋100＝429 [mm]

⑧切削時間＝切削長さ/送り ……… 切削時間＝429/810

$$=0.529 ……… 0.53 \text{ [min]}$$

⑨ドリル直径10.3 mm、切削速度45 m/minより

$$n=\frac{1000Vc}{\pi D} …………… n=\frac{1000\times45}{3.14\times10.3}$$

$$=1391.37 …………… 1391 \text{ [min}^{-1}\text{]}$$

⑩1回転当たりの送り0.24 mm/rev、回転数1391 min^{-1}より

$$Vf=fr\cdot n …………… Vf=0.24\times1391$$

$$=333.84 …………… 334 \text{ [mm/min]}$$

■**問題6**

　立て形マシニングセンタを使用して、工作物を正面フライスで加工する場合について、次の設問1及び設問2に答えなさい。

設問1

　下記の【条件】で加工する場合、単位時間当たりの最大切りくず排出量（cm³/min）を求め、解答欄に数値で答えなさい。

　なお、解答は小数第2位を四捨五入して、「小数第1位までの値」とすること。

【条件】

1. 主軸の出力　　　　15 kW
2. 正面フライス　　　φ160　8枚刃
3. 主軸回転速度　　　175 min^{-1}

4. 切削送り速度　　560 mm/min

5. 切削動力の計算式は、以下のとおりとする。

$$P = \frac{Q \times Kc}{60 \times 1000 \times \eta}$$

P：切削動力［kW］

Q：単位時間当たりの切りくず排出量［cm³/min］

η：機械効率係数 = 0.8

Kc：比切削抵抗［MPa］

1刃当たりの送り（mm/tooth）	0.1	0.2	0.3	0.4
比切削抵抗　Kc（MPa）	1980	1800	1730	1600

設問2

　設問1において、正面フライス（肩削り用）でエンゲージ角25°とした場合の最大切込み深さ［mm］を求め、解答欄に数値で答えなさい。ただし、sin 25°は、0.4226とすること。

　なお、解答は小数第3位を四捨五入して、「小数第2位までの値」とすること。

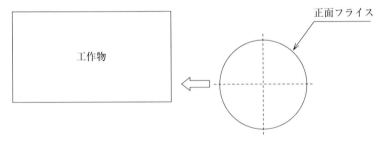

正面フライス

工作物

【解説】

［設問1］

　主軸回転速度 175 min⁻¹、送り速度 560 mm/min、刃数8枚より、

$$fz = \frac{Vf}{n \times z} = \frac{560}{175 \times 8} = 0.4 \text{ mm/tooth}$$ となり、表から比切削抵抗は

1600 Mpa とわかる。

$$P = \frac{Q \times Kc}{60 \times 1000 \times n} \quad \rightarrow \quad Q = \frac{P \times 60 \times 1000 \times n}{Kc}$$

$$= \frac{15 \times 60 \times 1000 \times 0.8}{1600}$$

$$=450\ [\mathrm{cm^3/min}]$$

[設問 2]

図 7.4.8 にエンゲージ角 25° で加工している様子を示す。切込み幅 ae は 113.808 mm である。

$$Q=\frac{ap\times ae\times Vf}{1000}\ [\mathrm{cm^3/min}]$$

　ap：切込深さ [mm]

　ae：切込み幅 [mm]

　Vf：送り [mm/min]

切削幅 ae：113.808 mm、送り：560 mm/min より、切削深さ ap は次のとおり計算できる。

$$Q=\frac{ap\times ae\times Vf}{1000}\quad\rightarrow\quad ap=\frac{1000\times Q}{ae\times Vf}$$

$$=\frac{1000\times 450}{113.808\times 560}$$

$$=7.0607\ \cdots\cdots\cdots\ 7.06\ [\mathrm{mm}]$$

> **ここに注意！**
> 年度によって、小数点以下のケタが違う。
> H31 の問題は、小数点以下第 2 位まで
> 他年度は 1 位までのときもある。

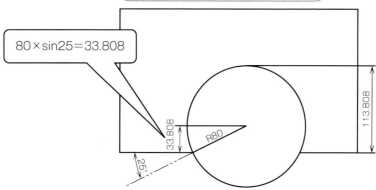

80×sin25＝33.808

図 7.4.8　エンゲージ角度 25°

■問題7

　立て形マシニングセンタで正面フライス、エンドミル及びドリルを用いて切削加工を行ったところ、下表に示すようなトラブルが発生した。トラブルの対策として（①）〜（⑦）に当てはまる最も適切な語句を【語群】からそれぞれ一つずつ選び、解答欄に記号で答えなさい。

　ただし、同一記号を重複して使用してはならない。

加　工	トラブル	対　策
正面フライス加工	バリが大きい	切削条件を調整して切りくず厚みを（①）する
	チップがチッピングする	（②）が小さくなるようにツールパスを変更する
		靭性の（③）チップに変更する
エンドミル加工	溝が倒れる	（④）の小さいエンドミルに変更する
	加工中に折損した	刃長を（⑤）する
ドリル加工	穴が曲がる	（⑥）ドリルを使う
	食いつきが悪い	（⑦）を短くする

【語群】

記号	語句	記号	語句	記号	語句	記号	語句
ア	厚く	イ	長く	ウ	高い	エ	薄く
オ	逃げ角	カ	チゼルエッジ	キ	すくい角	ク	ボール
ケ	コーナ角	コ	コーナ半径	サ	短く	シ	チップ（刃先）交換式
ス	少ない	セ	エンゲージ角	ソ	超硬合金ソリッド	タ	低い
チ	ねじれ角	ツ	リップハイト				

【解説】

　①切込み量が多いほど、バリは大きくなる。

　②エンゲージ角度が大きいと、刃先から材料に接触するため、チッピングなどにより工具寿命は短くなる。**図 7.4.9** にエンゲージ角度の大小を示す（28 ページの図 2.3.4 も参照）。

　③靭性が高い材種のほうがチッピングは発生しにくい。

　④ねじれ角が大きいと、切れ味は上がるが、加工面のうねりや傾きが大きくなる。**図 7.4.10** にねじれ角小、**図 7.4.11** にねじれ角大を示す

　⑤エンドミルのたわみ量は、刃長の 3 乗に比例するため、短いほうがよい

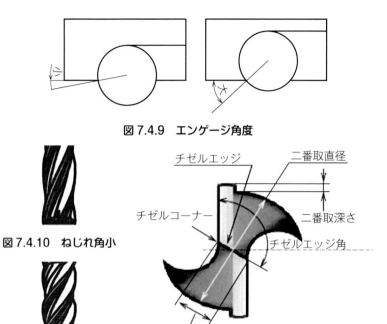

図 7.4.9　エンゲージ角度

図 7.4.10　ねじれ角小

図 7.4.11　ねじれ角大

図 7.4.12　チゼル長さ

（57 ページの図 3.3.7 参照）。

　⑥刃先交換式ドリルは、切削速度を上げられる利点はあるものの求心性はないため、超硬合金ソリッドドリルが妥当である。

　⑦チゼルは切れ刃ではないため、チゼルエッジは短いほうが食い付きがよい。チゼル長さを**図 7.4.12** に示す。

■問題 8

　以下の【ツーリング図】に示す工具で各種の加工を行う場合の最も適切な取付け工具の組合せ表を、提示された【ツーリングリスト】を用いて完成させなさい。ただし、解答に当たっては、【ツーリングリスト】の記号を使用することとし、同一記号を重複して使用しないこと。

【ツーリング図】

番号	加工の種類	工具略図
1	穴あけ	
2	すり割り加工	
3	もみつけ	
4	側面削り	
5	ねじ加工	
6	面削り	

【ツーリングリスト】

記号	名称	記号	名称
ア	タップ	イ	サイドロックホルダ
ウ	アングルヘッドホルダ	エ	タップホルダ
オ	ボールエンドミル	カ	フライスアーバ
キ	オイルホールホルダ	ク	ボーリングヘッド（チップ）
ケ	ラジアスエンドミル	コ	スローアウェイ式ドリル（チップ）
サ	油穴付きドリル	シ	テーパシャンクドリル
ス	ドリルチャック	セ	タップコレット
ソ	バランスカットユニット（チップ）	タ	サイドカッタアーバ
チ	センタ穴ドリル	ツ	ミーリングチャック
テ	メタルソー	ト	多軸ドリルヘッド
ナ	ジャコブステーパアーバ	ニ	ストレートコレット
ヌ	モールステーパホルダ	ネ	Tスロットカッタ
ノ	段付きドリル	ハ	フライスカッタ（チップ）

【解説】

　番号2の工具に注意が必要である。メタルソーとサイドカッターの違いを**図7.4.13**と**図7.4.14**に示す。メタルソーは刃が外周のみについており、主

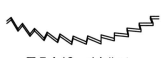

図7.4.13　メタルソー　　　　図7.4.14　サイドカッター

に切断の時に使用する。サイドカッターは刃が外周と側面についており、主に側面溝入れに使用する。

■問題９

　以下は、加工図及びマシニングセンタの加工プログラムを表したものである。この加工プログラムの中に誤りを含んだプログラムが７箇所あることが分かった。この誤りが含まれているプログラムを解答欄にシーケンス番号（記入例：N001、N002）で答えなさい。

　なお、加工プログラム中の※印が付いているシーケンス番号には誤りがないものとして、解答から除外するものとする。

【加工図】

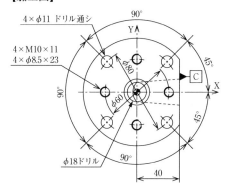

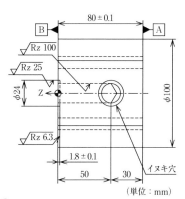

（注）🌓 は、プログラム原点を示す。

【加工プログラム】

※	%	N027	X−28.284 Y28.284;
※	O 0001;	N028	X−28.284 Y−28.284;
※	N001　T01;	N029	X38.284 Y−28.284;
※	N002　G91 G30 X0 Y0 Z0;	N030	G80 G00 Z50.0 M05;
※	N003　M06;	※ N031	T04;
	（18MM DRILL）;	※ N032	G91 G30 X0 Y0 Z0;
※	N004　G90 G54 G00 X0 Y0;	※ N033	M06;
※	N005　G43 Z50.0 H01;		（8.5 DRILL）;
	N006　Z2.0 S890 M03;	※ N034	G90 G54 G00 X0 Y30.0;
	N007　G99 Z−55.4 F260.0;	※ N035	G43 Z50.0 H04;
	N008　G00 Z2.0;	N036	Z2.0 S1870 M03;
	N009　Z50.0 M05;	N037	G99 G81 X0 Y30.0 Z−25.55 R2.0 F370.0;
※	N010　T02;	N038	X− 30.0 Y−30.0;
※	N011　G91 G30 X0 Y0 Z0;	N039	X0 Y−30.0;
※	N012　M06;	N040	X30.0 Y30.0;
	（24MM ENDMILL）;	N041	G80 G00 Z50.0 M05;
※	N013　G90 G54 G00 X0 Y0;	※ N042	T05;
※	N014　G43 Z50.0 H02;	※ N043	G91 G30 X0 Y0 Z0;
	N015　Z2.0 S660 M03;	※ N044	M06;
	N016　G01 Z−8.1 F100.0;		（M10 P1.5 TAP）;
	N017　G04 P180;	※ N045	G90 G54 G00 X0 Y30.0;
	N018　G00 Z2.0;	※ N046	G43 Z50.0 H05;
	N019　Z50.0 M05;	N047	Z5.0 S250 M03;
※	N020　T03;	N048	G99 G84 X0 Y30.0 Z−20.0 R5.0 F375.0;
※	N021　G91 G30 X0 Y0 Z0;	N049	X−30.0 Y−30.0;
※	N022　M06;	N050	X0 Y−30.0;
	（11MM DRILL）;	N051	X30.0 Y30.0;
※	N023　G90 G54 G00 X28.284 Y28.284;	N052	G80 G00 Z50.0 M05;
※	N024　G43 Z50.0 H03;	※ N053	G91 G30 X0 Y0 Z0;
	N025　Z2.0 S870 M03;	※ N054	M30;
	N026　G99 G83 X28.284 Y28.284 Z−85.3 R2.0 Q15.0 F220.0;	※	%

【解説】

N007 G99Z−55.4F260.0 ;　　　→　　*G01*Z−55.4F2600.0 ;

N016 G01Z−8.1F100.0 ;　　　→　　G01*Z−1.8*F100.0 ;

※図面よりエンドミル加工の深さは 1.8 mm である。

N029　X38.284Y28.284　　　→　　*X28.284*Y28.284 ;

※図面より φ11 穴位置の X 値は、$40 \times 1/\sqrt{2} = 28.284$ である。

N038 X−30.0Y−30.0 ;　　　→　　X−30.0*Y0* ;

N040 X30.0Y30.0 ;　　　→　　X30.0*Y0* ;

N049 X-30.0Y-30.0 ;　　　　　　→　　X-30 ; 0*YO* ;

N051 X30.0Y30.0 ;　　　　　　　→　　X30 ; 0*YO* ;

7.5　平成 30 年度問題

■問題 1

　以下の (1) ～ (8) の文章は、切削工具の損傷について説明したものである。(1)
～ (8) の説明に当てはまる適切な語句及び形状を、【A 群】及び【B 群】よりそれ
ぞれ一つずつ選び、解答欄に記号で答えなさい。

　ただし、同じ記号を重複して使用しないこと。

　(1) 切削中に工作物の一部が加工硬化によって母材より著しく硬い変質物とな
　　　って刃部にたい積凝着し、元の刃先に変わって新たな刃先が構成された状
　　　態となったもの。
　(2) 切削部と非切削部との境界に生じる細長い溝状の摩耗。
　(3) 切削によって切れ刃に生じた小さな欠け。
　(4) すくい面摩耗のうち、くぼみが生じる摩耗。
　(5) 切削によって刃部に生じた原形に戻らない変形。
　(6) 切削によって刃部に生じたき裂及び割れ。
　(7) 切削によって切れ刃に生じた大きな欠け。
　(8) 切削によって刃部に生じたりん（鱗）片状の損失。

【A 群】

記号	語句	記号	語句	記号	語句	記号	語句
ア	クレータ摩耗	イ	破損	ウ	チッピング	エ	欠損
オ	はく離	カ	構成刃先	キ	塑性変形	ク	異常摩耗
ケ	クラック	コ	逃げ面摩耗	サ	境界摩耗	シ	弾性変形

【B 群】

記号	形状	記号	形状	記号	形状	記号	形状	記号	形状
ス		セ		ソ		タ		チ	
ツ		テ		ト		ナ		ニ	

185

【解説】

2級問題1（H30）でも切削工具の損傷について問うている。1級問題との違いは説明（4）及び説明（6）、説明（7）がないだけである。2級受検者は、この問題を解けば、切削工具の損傷については十分がバーできるであろう。

説明（1）は、「刃部に積凝着し元の刃先に変わって新たな刃先が構成された状態」より**構成刃先**と判断できる。**図7.5.1**により凝着の様子がわかる。なお鋳鉄を加工する場合、構成刃先は発生しない。

説明（2）は、「切削部と非切削部との境界」より**境界摩耗**と判断できる。境界摩耗は別名、**主切れ刃摩耗**ともいい加工硬化した硬い材料がチップの切れ刃に当たることによって、その部分が特に高温になり、酸素と反応して摩耗が極端に発生する（**図7.5.2**）。

説明（3）は、「切れ刃に生じた小さな欠け」より**チッピング**と判断できる（**図7.5.3**）。B群からの選択時、図7.5.2の境界摩耗と似ているので注意が必要である。チッピングとは、刃先の細かな刃こぼれのことで、衝撃が加わることで発生する。

図7.5.1　構成刃先の様子

図7.5.2　境界摩耗の様子

図7.5.3　チッピングの様子

説明（4）は、「すくい面摩耗のうち、くぼみが生じる摩耗」から**クレータ摩耗**と判断できる。**図7.5.4**を見ると、すくい面にくぼみ（クレータ）があるのがわかる。クレータ摩耗は別名、**上面摩耗**や**すくい面摩耗**ともいい、切削で高温になった切りくずが、すくい面をこすり、加工物のFe（鉄）が化学反応をしてチップに移り、同時にチップのC（炭素）やCo（コバルト）が加工物に移り発生する摩耗である。

　説明（5）は、「刃部に生じた原型に戻らない変形」より、**塑性変形**と判断できる。**図7.5.5**に示すように刃先が変形しているのがわかる。これは切削時の発熱が原因で刃先が軟化し変形する現象である。

　説明（6）は、「刃部に生じたき裂及び割れ」より**クラック**と判断できる（**図7.5.6**）。また、説明（7）は、「切れ刃に生じた大きな欠け」より**欠損**と判断できる（**図7.5.7**）。説明（8）は、「刃部に生じたりん片状の欠損」より、**はく離**と判断できる（**図7.5.8**）。

図 7.5.4　クレータ摩耗の様子

図 7.5.5　塑性変形の様子

図 7.5.6　クラック

図 7.5.7　欠損

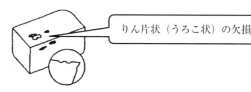

図 7.5.8　はく離

■問題2

　下図に示す工作物を横形マシニングセンタで加工する際、一般的な加工順序（①〜⑭）に対応する工具名を下記の【ツールリスト】の中から一つずつ選び、解答欄に記号で答えなさい。

　なお、一部の加工順序については、既に決定済みであるため、解答欄の空欄を埋めること。

　ただし、同じ記号を重複して使用しないこと。

　また、割出しテーブルの割出し回数は最小限とし、タップ穴と座ぐり穴には、センタ穴ドリルを使用すること。

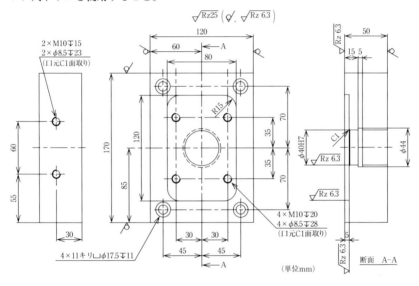

（単位mm）

【ツールリスト】

記号	工具名	記号	工具名
ア	φ39.6　荒用ボーリング	イ	φ25　荒用エンドミル
ウ	φ11　ドリル	エ	φ40H7　仕上げ用ボーリング
オ	φ80　荒用正面フライス	カ	φ80　仕上げ用正面フライス
キ	M10　タップ	ク	φ4　センタ穴ドリル（JIS R-1形）
ケ	φ38　ドリル	コ	φ16×90°　面取りカッタ
サ	φ8.5　ドリル	シ	φ30×5　溝入れカッタ
ス	φ25　仕上げ用エンドミル	セ	φ17.5　座ぐり用エンドミル

【解説】

②φ38 ドリル、③φ25 荒用エンドミル、⑧φ17.5 座ぐり用エンドミル、
⑨φ30×5 溝入れカッター、⑫φ80 仕上げ用正面フライスがすでに決めら

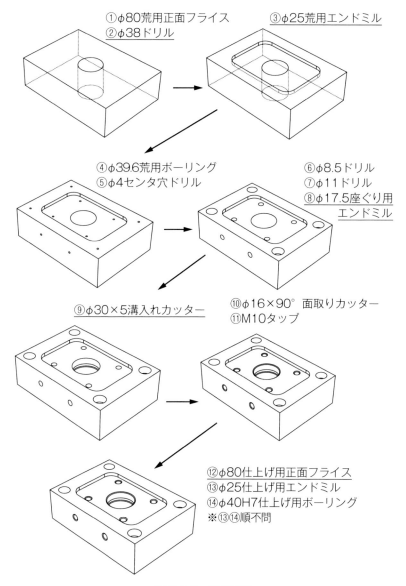

①φ80荒用正面フライス
②φ38ドリル

③φ25荒用エンドミル

④φ39.6荒用ボーリング
⑤φ4センタ穴ドリル

⑥φ8.5ドリル
⑦φ11ドリル
⑧φ17.5座ぐり用
エンドミル

⑨φ30×5溝入れカッター

⑩φ16×90° 面取りカッター
⑪M10タップ

⑫φ80仕上げ用正面フライス
⑬φ25仕上げ用エンドミル
⑭φ40H7仕上げ用ボーリング
※⑬⑭順不問

図 7.5.9　加工工程

れているため、これを考慮し、テーブル割り出し回数を最小かつ、切削による負荷が大きい順に工程を考える必要がある。**図 7.5.9** に工程を示す。下線付きはすでに決められている順番である。

　例年この順番で解答が作られている。正面フライス加工、大口径の穴あけから始まり、最後にフライス、エンドミル、ボーリングでの仕上げの順である。途中穴あけの順番で悩むところであるが、テーブルの割り出しを先に行うと考えると、φ8.5 ドリル→φ11 ドリルの順番になる。

■問題 3

　立て形マシニングセンタで正面フライス、エンドミル及びドリルを用いて切削加工を行ったところ、下表に示すようなトラブルが発生した。トラブルの対策として（①）～（⑦）に当てはまる最も適切な語句を【語群】の中から 1 つずつ選び、解答欄に記号で答えなさい。

　ただし、同一記号を重複して使用しないこと。

加　工	トラブル	対　策
正面フライス加工	焼入れ鋼切削時の工具寿命が短い	チップの材質を（①）に変更する
	びびりが生じる	（②）が大きくなるようにツールパスを変更する
		刃数を（③）する
エンドミル加工	切削中エンドミルがホルダから抜ける	より（④）ねじれのエンドミルに変更する
	切れ刃の強度が弱く欠けやすい	（⑤）の大きなエンドミルに変更する
ドリル加工	真直度が悪い	マージン幅が（⑥）ドリルに変更する
		（⑦）が大きいドリルに変更する

【語群】

記号	語句	記号	語句	記号	語句	記号	語句
ア	狭い	イ	広い	ウ	強	エ	多く
オ	コーナ角	カ	ホーニング	キ	アプローチ角	ク	バックテーパ
ケ	切込み角	コ	ディス・エンゲージ角	サ	炭素工具鋼	シ	高速度工具鋼
ス	少なく	セ	エンゲージ角	ソ	超硬合金	タ	弱
チ	CBN	ツ	心厚				

【解説】

　本問題は H31 に出題された問題 7 と内容は似ているが、トラブルの種類は異なっている。トラブルが違うと対策も異なってくるので取り上げることにした。対策としては、以下のことがあげられる。

　①焼入れ鋼、難削材の加工には CBN 工具が有効である。

　②エンゲージ角を大きくすると、びびりの発生を抑えることができるが、材料への接触がチップの先端から始まりこすり摩耗が大きくなるため、工具寿命は短くなる。エンゲージ角度の大小については図 2.3.4（28 ページ）を参照のこと。

　③刃数が多いと切削抵抗が大きくなるため、マシンの馬力が必要となる。馬力が足りないとびびりが発生する。

　④強ねじれのエンドミルは、エンドミルを引き抜く方向に力が働く。ねじれの強弱については 181 ページに掲載されている図 7.4.10 と図 7.4.11 を参照のこと。JIS では、ねじれ角 40° 以上のものを強ねじれエンドミルと定義している。

　⑤ホーニングを大きくすると刃先強度が上がり工具寿命が向上する。その反面、ホーニングを大きくしすぎると、逃げ面摩耗が発生しやすくなるうえ、切削抵抗が増し、びびりが発生しやすくなるなどのデメリットが出てくる。

　⑥マージンはドリルの案内面になるため、大きいほうが真直性はよい。その反面、摩耗が発生しやすくなり工具寿命は短くなる。

　⑦芯厚（ウェブ厚）はドリルの剛性に影響するため、大きいほうが剛性は強く、真直性もよい。**図 7.5.10** にドリルのウェブ厚とマージン幅を示す。

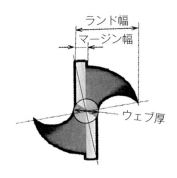

図 7.5.10　ドリル

■問題4

　以下の【ツーリング図】に示す工具で各種の加工を行う場合の最も適切な取付け工具の組合せ表を、提示された【ツーリングリスト】を用いて完成させなさい。ただし、解答に当たっては、【ツーリングリスト】の記号を使用することとし、同一記号を重複して使用しないこと。

【ツーリング図】

番号	加工の種類	工具略図
1	穴仕上げ	
2	ねじ加工	
3	側面削り	
4	溝入れ	
5	側面荒削り	
6	深穴加工	

【ツーリングリスト】

記号	名称	記号	名称
ア	タップホルダ	イ	ミーリングチャック
ウ	ストレートコレット	エ	ガンドリル
オ	メタルソー	カ	フライスアーバ
キ	油穴付きドリル	ク	多軸ドリルヘッド
ケ	ジャコブステーパアーバ	コ	エンドミル
サ	サイドカッタアーバ	シ	モールステーパホルダ
ス	サイドロックホルダ	セ	ボーリングヘッド（チップ）
ソ	フライスカッタ（チップ）	タ	タップコレット
チ	テーパシャンクリーマ	ツ	ラフィングエンドミル
テ	タップ	ト	サイドカッタ
ナ	アングルヘッドホルダ	ニ	ドリルチャック
ヌ	ボーリングアーバ	ネ	バランスカットユニット
ノ	センタ穴ドリル	ハ	オイルホールホルダ

【解説】

　加工を行うための工具については、H31 に出題された問題 8 でも問うている。ただ穴仕上げ、溝入れ、側面荒削り、深穴加工は取り上げていない。特に注意が必要な溝入れに用いる工具について説明する。

　（オ）メタルソー（183 ページの図 7.4.13 参照）と（ト）サイドカッター（図 7.4.14 参照）で迷うが、刃が外周のみについているメタルソーは主に切断時に使用し、刃が外周と側面についているサイドカッターは主に側面溝入れに使用する。この問題では刃が 2 枚記載されている。切断に使用する場合、刃は 2 枚必要ないため、サイドカッターと判断できる。

■問題 5

　以下は、加工図及びマシニングセンタの加工プログラムを表したものである。この加工プログラムの中に誤りを含んだプログラムが 7 箇所あることが分かった。この誤りが含まれているプログラムを解答欄にシーケンス番号（記入例：N001、N002）で答えなさい。

　なお、加工プログラム中の※印が付いているシーケンス番号には誤りがないものとして、解答から除外するものとする。

【加工図】

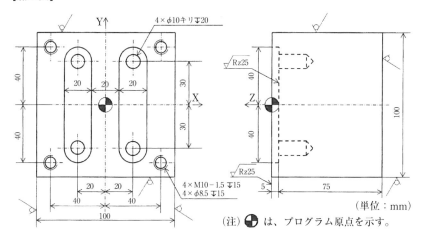

（単位：mm）

（注）◖◗ は、プログラム原点を示す。

【加工プログラム】

※	%		N028 G99 G84 X-40.0 Y40.0 Z-25.55 R2.0 F380.0;
※	O0001;		N029 X-40.0 Y-40.0;
※	N001 T01;		N030 X40.0 Y-40.0;
※	N002 G91 G30 X0 Y0 Z0;		N031 X40.0 Y40.0;
※	N003 M06;		N032 G80 G00 Z50.0 M05;
	(T1 125MM FACEMILL 8NT);	※	N033 T04;
	N004 G90 G54 G00 X105.0 Y0;	※	N034 G91 G30 X0 Y0 Z0;
※	N005 G43 Z50.0 H01;	※	N035 M06;
	N006 Z0 S400 M03;		(T4 10MM DRILL);
	N007 G01 X-105.0 F250.0;	※	N036 G90 G54 G00 X-20.0 Y30.0;
	N008 G00 Z50.0 M05;	※	N037 G43 Z50.0 H04;
※	N009 T02;		N038 Z2.0 S1600 M03;
※	N010 G91 G30 X0 Y0 Z0;		N039 G99 G81 X-20.0 Y30.0 Z-28.0 R-3.0 F320.0;
※	N011 M06;		N040 X20.0 Y30.0;
	(T2 20MM ENDMILL 2NT);		N041 X-20.0 Y-30.0;
※	N012 G90 G54 G00 X-20.0 Y-30.0;		N042 X20.0 Y-30.0;
※	N013 G43 Z50.0 H02;		N043 G80 G00 Z50.0 M05;
	N014 Z2.0 S2400 M03;	※	N044 T05;
	N015 G01 Z-2.0 F170.0;	※	N045 G91 G30 X0 Y0 Z0;
	N016 Y30.0 F340.0;	※	N046 M06;
	N017 G00 Z2.0;		(T5 M10 P1.5 TAP);
	N018 X20.0 Y-30.0;	※	N047 G90 G54 G00 X-40.0 Y40.0;
	N019 G01 Z-2.0 F170.0;	※	N048 G43 Z50.0 H05;
	N020 Y30.0 F340.0;		N049 Z5.0 S250 M03;
	N021 G00 Z50.0 M05;		N050 G99 G82 X-40.0 Y40.0 Z-19.5 R5.0 F375.0;
※	N022 T03;		N051 X-40.0 Y-40.0;
※	N023 G91 G30 X0 Y0 Z0;		N052 X40.0 Y-40.0;
※	N024 M06;		N053 X40.0 Y40.0;
	(T3 8.5MM DRILL);	※	N054 G80 G00 Z50.0 M05;
※	N025　G90 G54 G00 X-40.0 Y40.0;	※	N055 G91 G28 X0 Y0 Z0;
※	N026 G43 Z50.0 H03;	※	N056 M30;
	N027 Z2.0 S1900 M03;	※	%

【解説】

N004 G90G54G00X105.0Y0;　→　G90G54G00*X117.5*Y0；

N007 G01X-105.0F250.0;　　→　G01*X-117.5*F250.0；

※工具径が（T1 125MM FACEMILL 8NT）より直径125mm（半径62.5mm）であるため「材料50mm＋工具半径62.5mm＋アプローチ5mm」より117.5mm以上となる。

N015 G01Z-2.0F170.0；　→　G01*Z-5.0*F170.0；

N019 G01Z-2.0F170.0；　→　G01*Z-5.0*F170.0；

※図面より切込み深さは、5 mm である。

N028 G99G84X-40.0Y40.0Z-25.55R2.0F380；

→ G99**G73**X-40.0Y40.0Z-25.55R2.0**Q2.0**F380；

※φ8.5 の穴あけであるため、G84（タッピングサイクル）ではなく
G73 もしくは G83 のペックドリリングサイクルが正解である。G73、
G83 には Q（切込み量）も必要である。

N039 G99G81X-20.0Y30.0Z-28.0R-3.0F320；

→ **G98**G81X-20.0Y30.0R-3.0F320；
もしくは

→ G99G81X-20.0Y30.0Z-28.0**R2.0**F320；

※アプローチ点が R-3.0 なので G99（R 点復帰）だと、Z-3.0 での XY
軸移動時に溝に工具を引っかけてしまうため、G98（イニシャル点復
帰）にする必要がある。もしくは、G99 のまま R2.0 にする。

N050 G99G82X-40.0Y40.0Z-19.5R5.0F375.0；

→ G99**G84**X-40.0Y40.0Z-19.5R5.0F375.0；

※タップ加工なので G82（ドリルサイクル）ではなく G84 である。

7.6　平成 29 年度問題

■問題 1

工作物を加工する際の取付けについて、各設問に答えなさい。

設問 1　工作物を取り付けるうえで適切なものを次の中から 4 つ選び、解答欄に記
号で答えなさい。

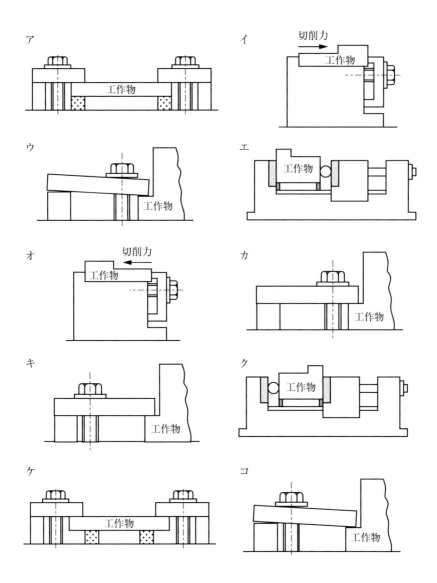

【解説】

　「ア」と「ケ」を比べてみると、「ア」は締付け力を工作物下の並行台が
受け止めているのに対し、「ケ」は工作物の下に隙間があるため、しっかり
とつかめていない。「エ」と「ク」を比べてみると、丸棒を挟む位置の違いが
わかる。バイスは固定側が基準面なので、丸棒は可動側に挟むのが基本であ

る。「イ」と「オ」を比べてみると、切削力がかかる場所の違いがわかる。
「イ」では力がコの字形の部品にかかり、ボルトで力を受けることになるが、
「オ」は面で力を受けることになる。「カ」と「キ」は工作物とボルトの位置
がポイントになる。両者の位置は近いほうがよい。「ウ」と「コ」は両方とも
クランプ用部品は斜めになっている時点で不正解である。

設問2　治具・取付具の設計、使用目的及び注意点の説明として、適切でないもの
を次の中から4つ選び解答欄に記号で答えなさい。
ア　工作物に作用する切削力の方向に関係なく締付け方法を決定すること。
イ　締付けによって偏心や変形、浮上がりなどが起こらないこと。
ウ　調整や測定などの余分な工程を省き、熟練技能者を必要とせず、労働力を軽
　　減して能率・稼働率を向上させる。
エ　操作を間違えても安全なように設計すること。
オ　加工能率・稼働率を考え、切りくずの処理、清掃のしやすさは考慮しないこ
　　と。
カ　経済性よりも作業者の使いやすさを考え設計すること。
キ　加工精度の均一化が図れ、製品のばらつきをなくすことができるので不適
　　合品が少なくなり、無駄が省けること。
ク　位置決め箇所をできるだけ多くすることにより、高精度な加工ができるこ
　　と。
ケ　大型治具では機械との温度差に注意すること。特に高精度の加工を行うと
　　きは、治具取付け後すぐに作業を始めることは避けること。
コ　鋳造・鍛造の直後の加工では、黒皮のうち重要な面を互いに離れた3点で支
　　えるのが原則である。

【解説】
　（ア）切削の方向を考えて締め付ける。設問1の（オ）を参照。
　（オ）清掃のしやすさも考慮したほうが、加工能率・稼働率も上がる。
　（カ）使いやすさも必要であるが、経済性も必要である。
　（ク）位置決め箇所は少ないほうが作業効率はよく、結果的に精度が上が
　　　る。

■問題2

　下図の工作物を横形マシニングセンタで加工する場合、使用工具を【ツールリスト】から選択し加工順序（①～⑭）に従って、その工具名を解答欄に記号で答えなさい。

　なお、一部の加工順序については、既に決定済みであるため、解答欄の空欄を埋めること。

　ただし、同じ記号を重複して使用しないこと。

　また、割出しテーブルの割出し回数は最小限とし、タップ穴と座ぐり穴には、センタドリルを使用すること。

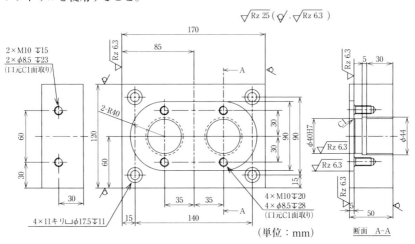

（単位：mm）

【ツールリスト】

記号	工具名	記号	工具名
ア	φ40H7　仕上げ用ボーリング	イ	φ11　ドリル
ウ	φ16×90°センタドリル	エ	φ8.5　ドリル
オ	φ30×5　溝入れカッタ	カ	φ80　荒用正面フライス
キ	φ80　仕上げ用正面フライス	ク	M10　タップ
ケ	φ17.5　座ぐり用エンドミル	コ	φ38　ドリル
サ	φ16×90°面取りカッタ	シ	φ25　仕上げ用エンドミル
ス	φ25　荒用エンドミル	セ	φ39.6　荒用ボーリング

【解説】

　②φ38ドリル、④φ39.6荒用ボーリング、⑧φ17.5座ぐり用エンドミル、⑨φ30×5溝入れカッター、⑪φ80仕上げ用正面フライス、⑫φ16×

198

90°面取りカッターがすでに決められている。これらを考慮して、テーブル割り出し回数を最小かつ、切削による負荷が大きい順に工程を考える必要がある。**図7.6.1**に加工工程を示す。なお、下線付きはすでに決められている工程である。

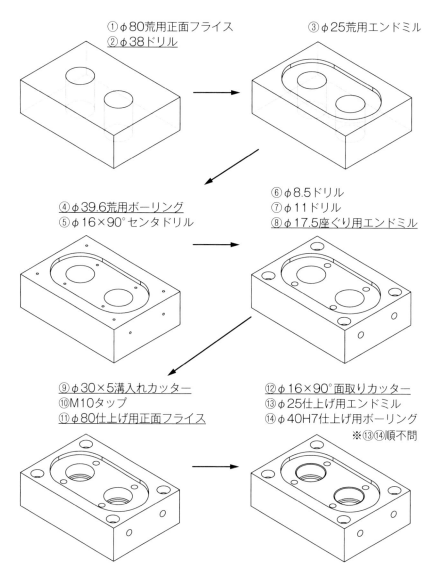

①φ80荒用正面フライス
②φ38ドリル

③φ25荒用エンドミル

④φ39.6荒用ボーリング
⑤φ16×90°センタドリル

⑥φ8.5ドリル
⑦φ11ドリル
⑧φ17.5座ぐり用エンドミル

⑨φ30×5溝入れカッター
⑩M10タップ
⑪φ80仕上げ用正面フライス

⑫φ16×90°面取りカッター
⑬φ25仕上げ用エンドミル
⑭φ40H7仕上げ用ボーリング
　　　　※⑬⑭順不問

図7.6.1　加工工程

■問題3

鋳鉄角材の一面を下記の【条件】で正面フライス加工し、引き続きタップ加工を行う場合、下表の①〜⑩に当てはまる数値を求め、解答欄に数値で答えなさい。ただし、解答する数値については、下記のとおりとすること。

なお、正面フライスの荒加工及び仕上げ加工は、ともに角材の中心を通る1パスとし、仕上げ加工のみフライスカッタを角材から抜いた最小の切削長さを計算することとし、切削時間は位置決め時間を含まないものとする。

［①〜⑩の解答数値について］

◆①〜③、⑤〜⑦、⑩

解答する数値については、「整数値」とすること。

なお、求めた数値に小数点以下の端数が生じた場合は、小数点以下第1位を四捨五入すること。

◆④、⑧、⑨

解答する数値については、「小数点以下第2位までの値」とすること。

なお、求めた数値に小数点以下第3位の端数が生じた場合は、小数点以下第3位を四捨五入すること。

【条件】

角材加工面寸法	380 mm×80 mm
正面フライス諸元	φ100　7枚刃
ドリル諸元	φ8.5　先端角118°
タップ諸元	M10×1.5
タップ食付き部の長さ	2.5 山
フライス加工後の板厚	16 mm
タップ穴数	8箇所通し
各工具のアプローチ量と逃げ量	2 mm
円周率	3.14

加工内容	切削速度 m/min	主軸回転速度 min⁻¹	1刃当たりの送り mm/tooth	1回転当たりの送り mm/rev	送り速度 mm/min	切削長さ mm	切削時間 min
正面フライス荒加工	175	①	0.3	—	②	③	④
正面フライス仕上げ加工	⑤	796	0.15	—	⑥	⑦	⑧
ドリル加工	48	1798	—	⑨	270	—	—
タップ加工	26	828	—	—	⑩	—	—

【解説】

小数点以下第1位を四捨五入して「整数値」とする、に注意して

①正面スライス直径 100 mm、切削速度 175 m/min より

$$n = \frac{1000Vc}{\pi D} \cdots\cdots\cdots\cdots n = \frac{1000 \times 175}{3.14 \times 100}$$

$$= 557.32 \cdots\cdots\cdots\cdots 557 \ [\text{min}^{-1}]$$

②1刃当たりの送り 0.3 mm/tooth、回転数 557 min^{-1}、刃数7枚より

$$Vf = fz \cdot n \cdot z \cdots Vf = 0.3 \times 557 \times 7 = 1169.7 \cdots 1170 \ [\text{mm/min}]$$

③切削長さ＝アプローチ量＋材料長さ＋**切削終了時の工具位置**＋逃げ量

切削距離を出すには、切削終了時の工具の位置を計算する必要がある（**図 7.6.2**）。

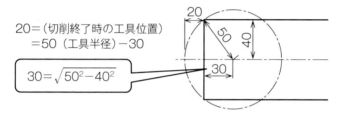

図 7.6.2 切削終了時の工具位置

図 7.6.3 より、切削長さ＝2＋380＋20＋2＝404 [mm] である。

④小数点以下第3位を四捨五入して「小数点以下第2位までの値」とすること、に注意して次のとおり考える。

$$切削時間 = 切削長さ/送り \cdots\cdots 切削時間 = 404/1170$$

$$= 0.3452 \cdots\cdots 0.35 \ [\text{min}]$$

⑤主軸回転速度 796 min^{-1}、正面フライス径 100 mm より

図 7.6.3 切削距離

$$Vc = \frac{\pi Dn}{1000} \quad \cdots\cdots\cdots\cdots \quad Vc = \frac{3.14 \times 100 \times 796}{1000}$$
$$= 249.944 \quad \cdots\cdots\cdots\cdots \quad 250 \; [\text{m/min}]$$

⑥ 1刃当たりの送り0.15 mm/tooth、回転数796 min^{-1}、刃数7枚より

$$Vf = fz \cdot n \cdot z \quad \cdots\cdots \quad Vf = 0.15 \times 796 \times 7 = 835.8 \cdots\cdots 836 \; [\text{mm/min}]$$

⑦仕上げ加工は、フライスカッターを角材から抜いた最小の切削長さとあるので、**図7.6.4**のようになる。

切削距離＝2＋380＋2＋100＝484 [mm]

図7.6.4　仕上げ切削距離

⑧切削時間＝切削長さ/送り ⋯⋯⋯⋯ 切削時間＝484/836

$$= 0.578 \; \cdots\cdots \; 0.58 \; [\text{min}]$$

⑨送り速度270 mm/min、回転数1798 min^{-1}より

$$Vf = fr \cdot n \quad \rightarrow \quad fr = \frac{Vf}{n}$$

$$= \frac{270}{1798} = 0.1501 \quad \cdots\cdots\cdots\cdots \quad 0.15 \; [\text{mm/rev}]$$

⑩1回転当たりの送り1.5 mm/rev（タップのピッチ）、回転数828 min^{-1}より

$$Vf = fr \cdot n \quad \cdots\cdots\cdots\cdots \quad Vf = 1.5 \times 828$$
$$= 1242 \; [\text{mm/min}]$$

■**問題4**

　定格出力15 kWの主軸を搭載した立て形数値制御フライス盤を使用して、工作物を正面フライス加工する場合について、次の設問1及び設問2に答えなさい。

設問 1

　下記の条件で加工する場合、単位時間当たりの切りくず排出量（cm³/min）を求め、解答欄に数値で答えなさい。

　なお、解答する数値については、「小数点以下第1位までの値」とすること。

　また、求めた数値に小数点以下第2位の端数が生じた場合は、小数点以下第2位を四捨五入すること。

【条件】

1. フライス工具　　　φ150　6枚刃
2. 主軸回転速度　　　380 min⁻¹
3. 切削送り速度　　　684 mm/min
4. 切削動力の計算式は、以下のとおりとする。

$$P = \frac{Q \times Kc}{60 \times 1000 \times \eta}$$

P：切削動力［kW］

Q：単位時間当たりの切りくず排出量［cm³/min］

η：機械効率係数＝0.8

Kc：比切削抵抗［MPa］

1刃当たりの送り（mm/tooth）	0.1	0.2	0.3	0.4
比切削抵抗　Kc（MPa）	2520	2200	2040	1850

設問 2

　設問1において、肩削り工具でエンゲージ角20°とした場合の最大切込み量（mm）を求め、解答欄に数値で答えなさい。

　なお、解答する数値については、「小数点以下第1位までの値」とすること。

　また、求めた数値に小数点以下第2位の端数が生じた場合は、小数点以下第2位を四捨五入すること。

　ただし、sin 20° は、0.342とすること。

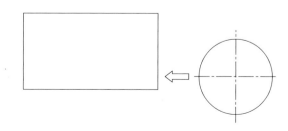

【解説】

[設問 1]

主軸回転速度 380 min^{-1}、送り速度 684 mm/min、刃数 6 枚より

$$fz=\frac{Vf}{n\times z}=\frac{684}{380\times 6}=0.3 \text{ mm/tooth}$$ となり、表から比切削抵抗は

2040 Mpa とわかる。

$$P=\frac{Q\times Kc}{60\times 1000\times n} \rightarrow Q=\frac{P\times 60\times 1000\times n}{Kc}$$

$$=\frac{15\times 60\times 1000\times 0.8}{2040}$$

$$=352.9 \text{ [cm}^3\text{/min]}$$

[設問 2]

図 7.6.5 にエンゲージ角 20° で加工している様子を示す。切込み幅 ae は 100.65 mm である。

$$Q=\frac{ap\times ae\times Vf}{1000} \text{[cm}^3\text{/min]}$$

ap：切込深さ [mm]

ae：切込み幅 [mm]

Vf：送り [mm/min]

切削幅 ae：100.65 mm、送り：684 mm/min より切削深さ ap は次のとおり計算できる。

$$Q=\frac{ap\times ae\times Vf}{1000} \rightarrow ap=\frac{1000\times Q}{ae\times Vf}$$

$$=\frac{1000\times 352.9}{100.65\times 684}$$

$$=5.126 \cdots\cdots\cdots 5.1 \text{ [mm]}$$

> **ここに注意！**
> 年度によって、小数点以下の桁が違う。
> H29 の問題は、小数点以下第 1 位まで。
> 他年度では、2 位までのときもある。

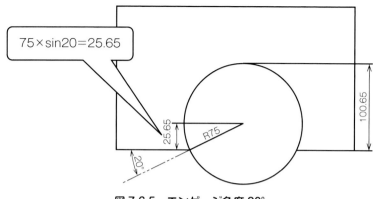

$75 \times \sin 20 = 25.65$

25.65

R75

20°

100.65

図 7.6.5　エンゲージ角度 20°

■問題 5

　立て形マシニングセンタで正面フライスおよびエンドミルを用いて切削加工を行ったところ、下表に示すようなトラブルが発生した。トラブルの対策として（①）～（⑦）に当てはまる最も適切なものを【語群】の中から1つずつ選び、解答欄に記号で答えなさい。

　ただし、同一記号を重複して使用しないこと。

加　工	トラブル	対　策
正面フライス加工	びびりが発生した	刃数の（①）ものに変更する
	平面度が悪い	コーナ角の（②）ものに変更する
	ツールパスの境界に段差が生じた	（③）の高いホルダに変更する
エンドミル加工	肩削り加工で刃先が欠けた	（④）エンドミルに変更する
	コーナ加工時にびびりが生じた	（⑤）エンドミルに変更する
	側面（仕上げ面）にうねりが生じた	（⑥）ねじれのエンドミルに変更する
	アルミニウム合金切削時に溶着が発生した	（⑦）コーティングに変更する

【語群】

記号	語句	記号	語句	記号	語句	記号	語句
ア	逃げ角	イ	弱	ウ	大きい	エ	多い
オ	硬度	カ	スクエア	キ	水溶性	ク	強
ケ	剛性	コ	等分割・等リード	サ	ラジアス	シ	不水溶性
ス	少ない	セ	TiC	ソ	不等分割・不等リード	タ	小さい
チ	すくい角	ツ	DLC				

【解説】

　H31 及び H30 にも加工の際に生じるトラブルについて出題されている。H29 の出題では加工の項目数が少ない代わりに対策の項目が増やされている。例年のように出題されているだけに、この問題は重要といえる。対策についても注意する必要があると考えられる。

　①刃数が多いとマシン馬力が必要になる。馬力が足りないとビビリが発生する。

　②コーナー角が大きい→切込み角小さい→切刃長さが長くなる→びびりが発生しやすい（**図 7.6.6**）。

　コーナー角が小さい→切込み角大きい→切刃長さが短くなる→びびりが発生しにくい（**図 7.6.7**）。

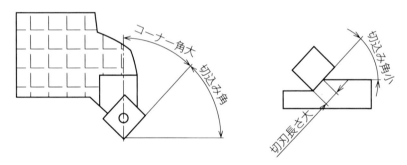

図 7.6.6　コーナー角大の様子

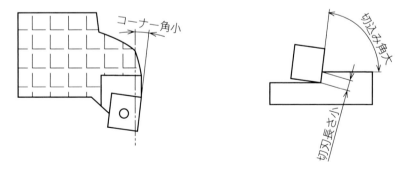

図 7.6.7　コーナー角小の様子

　③剛性の低いホルダは工具が振られて安定しない。
　④角に R を施したラジアスエンドミルが有効である。

図 7.6.8　不等リードエンドミル

　⑤不等分割・不等リードのエンドミル（**図7.6.8**）は、ねじれ角が一定でないエンドミルで周期性をなくすことで、切りくずの飛散方向を拡散し、びびりを軽減できる。

　⑥弱ねじれエンドミルを使用する。ねじれが大きいと切れ味は上がるが、加工面のうねりや傾きは大きくなる（180ページ【解説】④参照）。

　⑦アルミ加工には親和性の低い、DLC（Diamond-Like-Carbon）が有効である。これは、ダイヤモンドと黒鉛の中間の材質を持つものである。

■問題6

　以下は、加工図及びマシニングセンタの加工プログラムを表したものである。加工プログラムの中に誤りを含んだプログラムが7箇所あることが分かった。この誤りが含まれているプログラムを解答欄にシーケンス番号（記入例：N001、N002）で答えなさい。

　なお、加工プログラム中の※印が付いているシーケンス番号は、解答から除外するものとする。

【加工図】

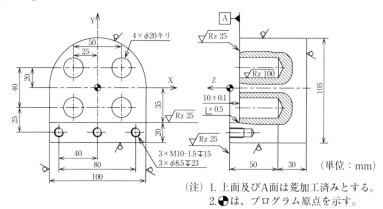

（注）1. 上面及びA面は荒加工済みとする。
　　　2. ◗は、プログラム原点を示す。

【加工プログラム】

※	%		N028	G99 G84 X40.0 Y-45.0 Z-19.5 R5.0 F375.0;
※	O0001;		N029	X0 Y-40.0;
※	N001 T01;		N030	X-40.0 Y-40.0;
※	N002 G91 G30 X0 Y0 Z0;		N031	G80 G00 Z50.0 M05;
※	N003 M06;	※	N032	T04;
	(20MM DRILL);	※	N033	G91 G30 X0 Y0 Z0;
※	N004 G90 G54 G00 X25.0 Y20.0;	※	N034	M06;
※	N005 G43 Z50.0 H01;			(25MM ENDMILL);
	N006 Z-8.0 S800 M03;	※	N035	G90 G54 G00 X64.5 Y-22.0;
	N007 G99 G81 X25.0 Y20.0 Z-56.0 R-12.0 F200.0;	※	N036	G43 Z50.0 H04;
	N008 X-25.0 Y20.0;		N037	Z-9.8 S1200 M03;
	N009 X-25.0 Y-20.0;		N038	G42 G01 Y-35.0 F500 D14;
	N010 X25.0 Y-20.0;		N039	X-64.5;
	N011 G40 G00 Z50.0 M05;		N040	G80 G00 Y-22.0;
※	N012 T02;		N041	Y-45.0 Z0;
※	N013 G91 G30 X0 Y0 Z0;		N042	G01 X64.5;
※	N014 M06;		N043	G00 Z50.0 M05;
	(8.5MM DRILL);	※	N044	T05;
※	N015 G90 G54 G00 X40.0 Y-45.0;	※	N045	G91 G30 X0 Y0 Z0;
※	N016 G43 Z50.0 H02;	※	N046	M06;
	N017 Z2.0 S1900 M03;			(100MM FACEMILL);
	N018 G99 G84 X40.0 Y-45.0 Z-25.55 R2.0 F380.0;	※	N047	G90 G54 G00 X102.0 Y16.0;
	N019 X0 Y-45.0;	※	N048	G43 Z50.0 H05;
	N020 X-40.0 Y-45.0;		N049	Z-10.0 S500 M03;
	N021 G80 G00 Z50.0 M05;		N050	G41 G01 Y-34.8 F175 D15;
※	N022 T03;		N051	X-102.0;
※	N023 G91 G30 X0 Y0 Z0;		N052	G40 G00 Y16.0;
※	N024 M06;		N053	G00 Z50.0 M05;
	(M10 P1.5 TAP);	※	N054	G91 G28 X0 Y0 Z0;
※	N025 G90 G54 G00 X40.0 Y-45.0;	※	N055 M30;
※	N026 G43 Z50.0 H03;	※	%
	N027 Z5.0 S250 M03;			

【解説】

N007 G99G81X25.0Y20.0Z-56.0R-12.0F200.0；

→ G99G81X25.0Y20.0Z-56.0**R-8.0**F200.0；

※穴の始まりはZ-10.0であるため、R点を2mm上空にとりR-8.0と
する。

N011 G40G00Z50.0M05； → G00Z50.0M05；

208

※工具径補正（G41、G42）は使用していないため、G40 は不要。

N018 G99G84X40.0Y-45.0Y40.0Z-25.55R2.0F380.0 ;

→ G99**G73**X40.0Y-45.0Z-25.55R2.0**Q2.0**F380.0 ;

※φ8.5 の穴あけであるため、G84（タッピングサイクル）ではなく G73 もしくは G83 のペックドリリングサイクルが正解である。G73、G83 には Q（切込量）も必要である。

N029 X0Y-40.0 ; → X0**Y-45.0** ;

N030 X-40.0Y-40.0 ; → X-40.0**Y-45.0** ;

N040 G80G00Y-22.0 ; → **G40**G00Y-22.0 ;

※工具径補正 G42 のキャンセルは G40 である。G80 は固定サイクルキャンセル。

N050 G41G01Y-34.8F175D15 ;

→ **G42**G01Y-34.8F175D15 ;

※ Z-10.0 部を切削するため、右補正 G42 である。

7.7　1級実技試験—計画立案等作業試験　解答

平成 31 年度問題

問題 1

①	②	③	④	⑤	⑥	⑦	⑧
ケ	カ	イ	ス	オ	ア	ク	シ

⑨	⑩	⑪	⑫	⑬	⑭	⑮
テ	チ	ソ	タ	ト	ナ	ツ

問題 2

設問 1

①	②	③	④	⑤	⑥	⑦
ケ	シ	ウ	キ	セ	ク	ス

設問 2

Wa (kN)	Wb (kN)
35	21

問題 3

エ

問題 4

加工順序	①	②	③	④	⑤	⑥	⑦
記号	キ	【シ】	セ	ス	ア	オ	【サ】
加工順序	⑧	⑨	⑩	⑪	⑫	⑬	⑭
記号	【ウ】	エ	ケ	【イ】	【コ】	カ	【ク】

問題 5

①	②	③	④	⑤
605	1089	349	0.32	283
⑥	⑦	⑧	⑨	⑩
810	429	0.53	1391	334

問題 6

設問 1	設問 2
450.0 cm³/min	7.06 mm

問題 7

①	②	③	④	⑤	⑥	⑦
エ	セ	ウ	チ	サ	ソ	カ

問題 8

番号	加工の種類	ツールホルダ	アダプタ	刃具
1	穴あけ	ヌ		シ
2	すり割り加工	タ		テ
3	もみつけ	ナ	ス	チ
4	側面削り	ツ	ニ	ケ
5	ねじ加工	エ	セ	ア
6	面削り	カ		ハ

問題 9

シーケンス番号	N007	N016	N029	N038
シーケンス番号	N040	N049	N051	

※ 順不同。

平成 30 年度問題

問題 1

	(1)	(2)	(3)	(4)	(5)	(6)	(7)	(8)
A 群	カ	サ	ウ	ア	キ	ケ	エ	オ
B 群	ナ	テ	チ	ソ	ニ	ツ	タ	ス

問題 2

加工順序	①	②	③	④	⑤	⑥	⑦
記号	オ	【ケ】	【イ】	ア	ク	サ	ウ
加工順序	⑧	⑨	⑩	⑪	⑫	⑬※	⑭※
記号	【セ】	【シ】	コ	キ	【カ】	ス	エ

※ 加工順序⑬⑭は順不同。
※ ⑩、⑪の正解は、当初掲載したものに誤りがあったため、訂正しています。

問題 3

①	②	③	④	⑤	⑥	⑦
チ	セ	ス	タ	カ	イ	ツ

問題 4

番号	加工の種類	ツールホルダ	アダプタ	刃具
1	穴仕上げ	シ		チ
2	ねじ加工	ア	タ	テ
3	側面削り	イ	ウ	コ
4	溝入れ	サ		ト
5	側面荒削り	ス		ツ
6	深穴加工	ハ		エ

問題 5

シーケンス番号	N004	N007	N015	N019
シーケンス番号	N028	N039	N050	

※　順不同。

平成 29 年度問題

問題 1

設問 1

ア	エ	オ	カ

※　順不同。

設問 2

ア	オ	カ	ク

※　順不同。

問題 2

加工順序	①	②	③	④	⑤	⑥	⑦
記号	カ	【コ】	ス	【セ】	ウ	エ	イ
加工順序	⑧	⑨	⑩	⑪	⑫	⑬※	⑭※
記号	【ケ】	【オ】	ク	キ	【サ】	シ	ア

※　加工順序⑬⑭は順不同。

問題3

①	②	③	④	⑤
557	1170	404	0.35	250
⑥	⑦	⑧	⑨	⑩
836	484	0.58	0.15	1242

問題4

設問1	設問2
352.9 cm³/min	5.1 mm

問題5

①	②	③	④	⑤	⑥	⑦
ス	タ	ケ	サ	ソ	イ	ツ

問題6

シーケンス番号	N007	N011	N018	N029
シーケンス番号	N030	N040	N050	

※　順不同。

第8章 2級実技試験─計画立案等作業試験

8.1 試験の傾向

　1級に比べると出題数は1問少ない8問が例年出題されている。問題中の各設問数も少ないが、内容に関しては1級と同等と考えてよい。解答時間も同じく1時間40分である。問題の中では特にプログラムの読解に時間を要するので、座標解読の練習をしておくことをお勧めする。

8.2 基本事項

　例年、1級と同じ内容が出題されている。工具の摩耗、材料の取り付け方法、座標読解、加工順序、加工条件（回転数、送り、切込みなど）、加工トラブルについて、ツーリングリスト（工具の組み合わせ）、プログラムの間違い探しである。難易度は1級のほうが高いが、なかには2級のほうが勝る問題もある。

8.3 過去の試験と解説、取り組み方

　ここからは、2級の過去3年分の試験と解説を掲載する。先に解説を読むのもいいが、まずは自分で解いてみるのが一番の勉強になる。過去3年分の問題をこなせば、出題範囲をほぼ網羅できるであろう。また1級の問題にも取り組むと、さらに知識が膨らみ受検に余裕をもてるようになるであろう。

■問題 1

以下の設問 1 及び設問 2 に答えなさい。

設問 1

下記の【プログラム】により XY 平面における工具通路図として、正しいものを
【工具通路図】の中から 1 つ選び、解答欄に記号で答えなさい。

ただし、工具径補正量は 0（ゼロ）とし、X 軸・Y 軸はプログラム原点（◆）に
あるものとする。

【工具通路図】

（単位：mm）

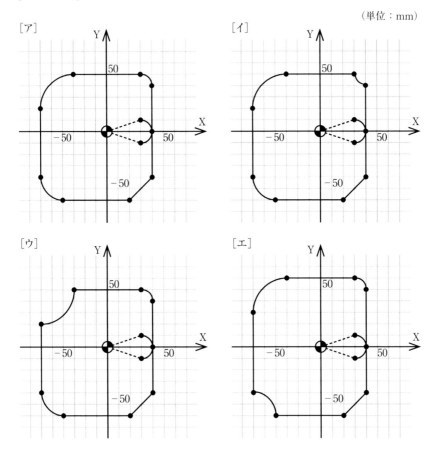

【プログラム】

O 0001;	
N001　G17 G90 G00 X0 Y0 Z50.0;	N010　G01 Y-60.0;
N002　Z2.0 S1000 M03;	N011　G03 X20.0 Y-20.0 I20.0;
N003　G91 G41 X30.0 Y-10.0 D01;	N012　G01 X60.0;
N004　G01 Z-12.0 F500.0 M08;	N013　X20.0 Y20.0;
N005　G03 X10.0 Y10.0 J10.0;	N014　Y40.0;
N006　G01 Y40.0;	N015　G03 X-10.0 Y10.0 I-10.0 M09;
N007　G03 X-10.0 Y10.0 I-10.0;	N016　G90 G00 Z50.0 M05;
N008　G01 X-60.0;	N017　G40 X0 Y0;
N009　G02 X-30.0 Y-30.0 I-30.0;	N018　M30;

設問2

　上記のプログラムにおいて、工具径補正量として設定できる理論上の最大値は
いくつか。

　ただし、解答は整数値で答えること。

【解説】

　工具径補正を0（ゼロ）として考え、工具の中心を拾っていく。**図8.4.1**
にプログラムと経路のずれを示す。

　（ア）は、「N009　G02X-30.0Y-30.0I-30.0；」とあるがG02（右
回り）ではなく、左回りになっている。

　（イ）は、「N007　G03X-10.0Y10.0I-10.0；とあるがG03（左回
り）ではなく、右回りになっている。

　（エ）は、N009が（ア）と同様に間違っている。また「N011
G03X20.0Y-20.0I20.0；」とあるが、G03（左回り）ではなく、右回
りになっている。

　また、プログラム中の円弧の最小値がR10.0であるので、工具径補正量
は半径10.0以下となる。

　なお、解答は章末に掲載する。

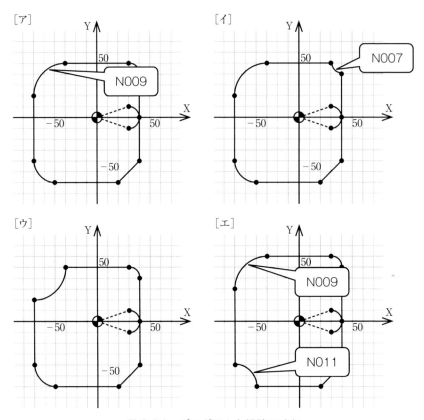

図 8.4.1 プログラムと経路のずれ

■問題２

　下図に示す工作物を立て形マシニングセンタで加工する際、一般的な加工順序（①〜⑫）に対応するものを下記の【語群】からそれぞれ一つずつ選び、解答欄に記号で答えなさい。

　なお、一部の加工順序については、既に決定済みであるため、解答欄の空欄を埋めること。

　ただし、同一記号を重複して使用してはならない。（φ50H7部は、鋳抜き穴とする。）

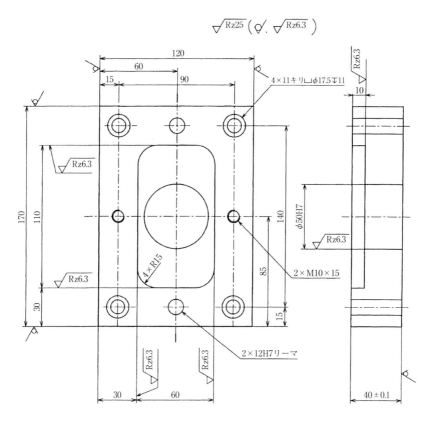

$\sqrt{Rz25}\ \left(\ \underset{\bigvee}{\quad}.\ \sqrt{Rz6.3}\ \right)$

（単位：mm）

（図中注記）
120
60
15
90
4×11キリ□φ17.5▽11
Rz6.3
10
Rz6.3
170
110
30
φ50H7
140
85
15
Rz6.3
2×M10×15
4×R15
Rz6.3
Rz6.3
Rz6.3
30
60
2×12H7リーマ
40±0.1

【語群】

記号	語句	記号	語句
ア	M10　ねじ加工	イ	φ11　ドリル加工
ウ	φ12H7　下穴加工	エ	φ50H7　荒加工
オ	φ8.5　ドリル加工	カ	エンドミル荒加工
キ	φ50H7　仕上げ加工	ク	φ17.5　座ぐり加工
ケ	エンドミル仕上げ加工	コ	φ12H7　仕上げ加工
サ	フライス加工	シ	もみつけ及び面取り加工

【解説】

　①フライス加工、⑤φ8.5 ドリル加工、⑦φ17.5 座ぐり加工、⑩エンドミル仕上げ加工、⑫φ50H7 仕上げ加工はすでに決められているため、これを考慮し、切削による負荷が大きい順に工程を考える必要がある。**図 8.4.2** に加工工程を示す。下線付きは、すでに決められている工程である。

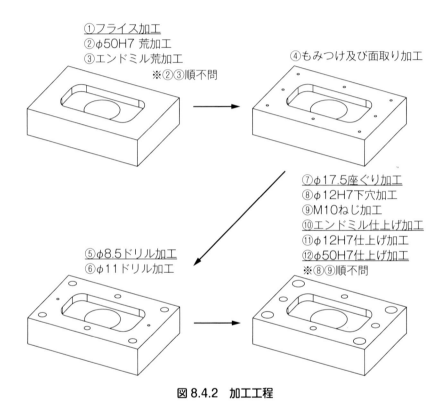

①フライス加工
②φ50H7 荒加工
③エンドミル荒加工
　　※②③順不問

④もみつけ及び面取り加工

⑦φ17.5座ぐり加工
⑧φ12H7下穴加工
⑨M10ねじ加工
⑩エンドミル仕上げ加工
⑪φ12H7仕上げ加工
⑫φ50H7仕上げ加工
　※⑧⑨順不問

⑤φ8.5ドリル加工
⑥φ11ドリル加工

図 8.4.2　加工工程

■問題３

　下図に示すような工作物を正面フライスで加工する場合について、次の設問１〜設問３に答えなさい。

220

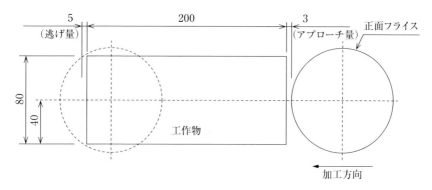

（単位：mm）

【切削条件表】

加工内容	切削速度 （m/min）	1刃当たりの送り （mm/tooth）	主軸回転速度 （min⁻¹）	切削送り速度 （mm/min）
正面フライス φ100　5枚刃	200	0.25	①	②

設問1

　【切削条件表】の①及び②に当てはまる数値を計算により求め、解答欄に数値で答えなさい。

　ただし、円周率は 3.14 とする。

　なお、解答は小数第1位を四捨五入して、「整数値」とすること。

設問2

　工作物とのアプローチ量が 3 mm、逃げ量が 5 mm としたときの切削時間（min）を求め、解答欄に数値で答えなさい。

　なお、解答は小数第3位を四捨五入して、「小数第2位までの値」とすること。

設問3

　単位時間当たりの切りくず排出量が 280 cm³/min の場合の最大切込み深さ（mm）を設問1で求めた解答値を用いて求め、解答欄に数値で答えなさい。

　なお、解答は小数第2位を四捨五入して、「小数第1位までの値」とすること。

【解説】

[設問 1]

小数第 1 位を四捨五入して「整数値」とする、に注意して

①切削速度 200 m/min 及び正面フライス径 100 mm より

$$n=\frac{1000Vc}{\pi D} \cdots\cdots\cdots\cdots n=\frac{1000\times200}{3.14\times100}$$

$$=636.94 \cdots\cdots\cdots\cdots 637 [min^{-1}]$$

②1 刃当たりの送り 0.25 mm/tooth、回転数 637 min⁻¹、刃数 5 枚より

$$Vf=fz\cdot n\cdot z \cdots Vf=0.25\times637\times5=796.25 \cdots 796 [mm/min]$$

[設問 2]

小数第 3 位を四捨五入して「小数第 2 位までの値」とすること、に注意して次のとおり考える。

　　　切削距離＝アプローチ量＋材料長さ＋**切削終了時の工具位置**＋逃げ量

切削距離を算出するのには、切削終了時の工具の位置を計算する必要がある（**図 8.4.3**）。

図 8.4.4 より、切削距離は 3＋200＋20＋5＝228 [mm] となり、これを②で求めた送り速度で割れば切削時間を出すことができる。

　　　切削時間＝切削距離/送り ⋯⋯ 切削時間＝228/796

$$=0.286 \cdots\cdots\cdots 0.29 [min]$$

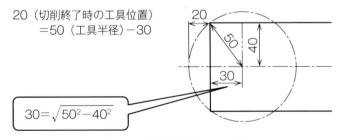

図 8.4.3　切削終了時の工具位置

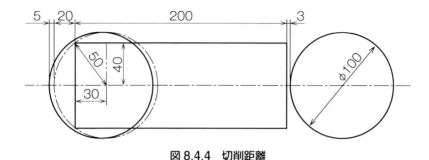

図 8.4.4 切削距離

[設問 3]

$$Q=\frac{ap\times ae\times Vf}{1000}\ [cm^3/min]$$

　　ap：切込み深さ [mm]

　　ae：切込み幅 [mm]

　　Vf：送り [mm/min]

　切削幅は、正面フライス径 φ100 mm で、材料幅が 80 mm なので ae = 80 mm、送り = 796 mm/min より、次のとおり計算できる。

$$Q=\frac{ap\times ae\times Vf}{1000}\ \rightarrow\ ap=\frac{1000\times Q}{ae\times Vf}$$

$$=\frac{1000\times280}{80\times796}$$

$$=4.396\cdots\cdots\cdots4.4\ [mm]$$

■問題 4

　立て形マシニングセンタで正面フライス加工、エンドミル加工及びドリル加工を行ったところトラブルが生じた。以下の各「対策項目」について、トラブルが生じた際の対策として適切なものを各【選択肢】から選び、解答欄に記号で答えなさい。

「対策項目」

① 正面フライス加工において、バリが大きい。

　　　イ：切削条件を調整して、切りくず厚みを薄くする。

　　　ロ：切削条件を調整して、切りくず厚みを厚くする。

② 　エンドミル加工において、溝が倒れる。

　　【選択肢】

　　　イ：ねじれ角が小さいエンドミルに変更する。

　　　ロ：ねじれ角が大きいエンドミルに変更する。

③ 　エンドミル加工において、加工中、エンドミルが折損した。

　　【選択肢】

　　　イ：刃長を長くする。

　　　ロ：刃長を短くする。

④ 　ドリル加工において、穴が曲がる。

　　【選択肢】

　　　イ：チップ（刃先）交換式ドリルを使う。

　　　ロ：超硬合金ソリッドドリルを使う。

⑤ 　ドリル加工において、食い付きが悪い。

　　【選択肢】

　　　イ：チゼルエッジを長くする。

　　　ロ：チゼルエッジを短くする。

【解説】

　立て形マシニングセンタにおける加工トラブルについては、平成 30 年度（以下 H30 と表記する）および H29 にも出題されている。「対策項目」がそれぞれ異なっているが、ここ最近では通年目にするようになっている。それだけに重要度の高い問題といえるであろう。

　①切込みが大きいほど、バリも大きくなる。

　②ねじれ角が大きいほど切れ味は上がるが、加工面のうねりや傾きは大きくなる。

　③エンドミルのたわみ量は、刃長の 3 乗に比例するため、短いほうがよい

(57ページ図3.3.7参照)。

　④刃先交換式ドリルは、切削速度を上げられる利点はあるが、求心性はない。

　⑤チゼルは切刃ではないため、チゼルエッジは短いほうが食い付きがよい。

■問題5

　以下は、加工図及びマシニングセンタの加工プログラムを表したものである。この加工プログラムの中に誤りを含んだプログラムが5箇所あることが分かった。この誤りが含まれているプログラムを解答欄にシーケンス番号（記入例：N001、N002）で答えなさい。

　なお、加工プログラム中の※印が付いているシーケンス番号には誤りがないものとして、解答から除外するものとする。

【加工図】

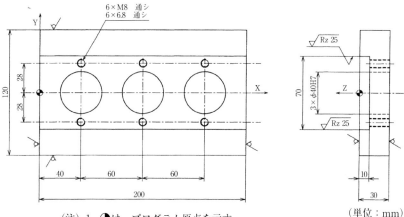

（注）　1.　●は、プログラム原点を示す。
　　　　2.　70 mm溝幅及び10 mm段差には、取り代0.5 mmを残し前加工済み。
　　　　3.　3×φ40H7は、取り代0.2 mmを残し前加工済み。

【加工プログラム】

※	%		N026	G80 G00 Z100.0 M05;
※	O0001;	※	N027	T03;
※	N001 T01;	※	N028	G91 G30 X0 Y0 Z0;
※	N002 G91 G30 X0 Y0 Z0;	※	N029	M06;
※	N003 M06;		(T03	M8 P1.25 TAP);
	(T01 30MM END MILL);	※	N030	G90 G54 G00 X40.0 Y−28.0;
※	N004 G90 G54 G00 X−20.0 Y0;	※	N031	G43 Z100.0 H03 M01;
※	N005 G43 Z100.0 H01 M01;	※	N032	Z5.0 S320 M03;
	N006 Z−10.0 S1000 M03;		N033	G99 G84 X40.0 Y−28.0 Z−36.0 R−5.0 F980.0;
	N007 G01 X220.0 Y0 F320.0;		N034	X100.0 Y−28.0;
	N008 G41 X220.0 Y−35.0 D11 F1000.0;		N035	X160.0 Y−28.0;
	N009 X−35.0 Y−35.0 F320.0;		N036	X160.0 Y28.0;
	N010 X−35.0 Y35.0 F1000.0;		N037	X100.0 Y28.0;
	N011 X220.0 Y35.0 F320.0;		N038	X40.0 Y28.0;
	N012 G00 G40 Y0;		N039	G80 G00 Z100.0 M05;
	N013 G00 Z100.0 M05;	※	N040	T04;
※	N014 T02;	※	N041	G91 G30 X0 Y0 Z0;
※	N015 G91 G30 X0 Y0 Z0;	※	N042	M06;
※	N016 M06;		(T04	40MM FINE BORING);
	(T02 6.8MM DRILL);	※	N043	G90 G54 G00 X40.0 Y0;
※	N017 G90 G54 G00 X40.0 Y−28.0;	※	N044	G43 Z100.0 H04 M01;
※	N018 G43 Z100.0 H02 M01;		N045	Z2.0 S760 M03;
	N019 Z2.0 S1600 M05;		N046	G99 G83 X40.0 Y0 Z−32.0 R−8.0 Q0.1 F76.0;
	N020 G99 G81 X40.0 Y−28.0 Z−34.0 R−8.0 F320.0;		N047	X100.0 Y0;
	N021 X100.0 Y−28.0;		N048	X160.0 Y0;
	N022 X160.0 Y−28.0;		N049	G80 G00 Z100.0 M05;
	N023 X160.0 Y28.0;	※	N050	G91 G28 X0 Y0 Z0;
	N024 X100.0 Y28.0;	※	N051	M30;
	N025 X−60.0 Y28.0;	※	%	

【解説】

N008 G41X220.0Y−35.0D11F1000.0；

→ **G42**X220.0Y−35.0D11F1000.0；

※工具径補正方向の間違い。G41（左補正）ではなくG42（右補正）である。

N019 Z2.0S1600M05；→ Z2.0S1600**M03**；

N025 X−60.0Y28.0； → **X40.0**Y28.0

N033 G99G84X40.0Y−28.0Z−36.0R−5.0F980.0；

　　　　　　　→ G99G84X40.0Y−28.0Z−36.0R−5.0**F400**；

※ねじ加工の送り［mm/min］＝回転数［min⁻¹］×ピッチ［mm］

　M8のピッチは並目で 1.25 mm であるため、送り＝320×1.25＝400
となる。

　N046　G99G83X40.0Y0Z−32.0R−8.0Q0.1F76．；

　　　　　　　→ G99**G76**X40.0Y0Z−32.0R−8.0Q0.1F76；

※4ブロック前に（T04 40MM FINE BORING）とあるため、G83（ペ
　ックドリリングサイクル）ではなく G76（ファインボーリングサイク
　ル）である。

　仮に G83 であるとした場合、Q0.1 は値が小さすぎる。φ40 ドリル加工
と仮定すると、切込み量 Q は 8.0 mm（ドリル径/5 より）。G76 での Q0.1
は、加工後の工具逃げ量 0.1 mm を意味する。

8.5　平成 30 年度問題

■問題 1

　工作物を加工する際の取付けについて、各設問に答えなさい。

　工作物を取り付けるうえで適切なものを次の中から 5 つ選び、解答欄に記号で答
えなさい。

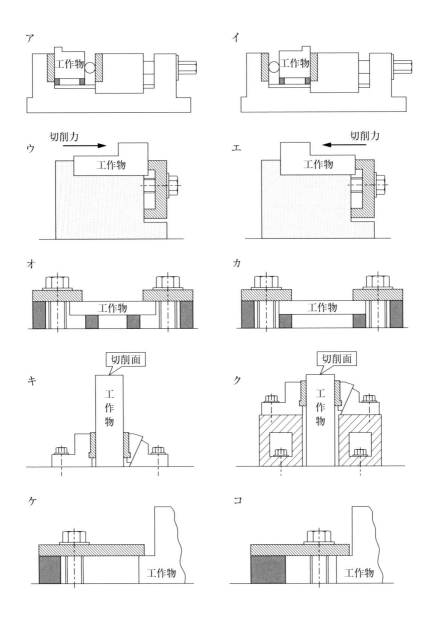

【解説】

H29の1級試験にもほぼ同じ内容の問題が出題された（195ページ参照）。ただ本問題に記載されている（キ）と（ク）は見られない。そこで（キ）と（ク）を取り上げて解説する。

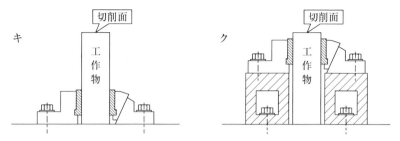

図8.5.1　切削面までの距離

　図 8.5.1 に示す「キ」と「ク」を比べてみると、工作物を挟んでいる場所からの切削面の距離の違いがわかる。「キ」は切削面がつかんでいる箇所から遠いが、「ク」は近い。切削面には切削力が働くため、つかむ位置は、できるだけ切削面に近いほうがよい。正解は「ク」である。

■問題２

　以下の設問１及び設問２に答えなさい。
設問１　下記の【プログラム】により XY 平面における工具通路図として、正しいものを【工具通路図】の中から１つ選び、解答欄に記号で答えなさい。
　ただし、工具径補正量は 0（ゼロ）とし、X 軸・Y 軸はプログラム原点（✛）にあるものとする。

【プログラム】

O 0001;	
N001　G17 G90 G00 X0 Y0 Z50.0;	N010　G01 X70.0;
N002　Z2.0 S1000 M03;	N011　G02 X20.0 Y20.0 I20.0;
N003　G91 G41 X10.0 Y30.0 D01;	N012　G01 Y70.0;
N004　G01 Z-12.0 F500.0 M08;	N013　G03 X-10.0 Y10.0 I-10.0;
N005　G03 X-10.0 Y10.0 I-10.0;	N014　G01 X-50.0;
N006　G01 X-40.0;	N015　G03 X-10.0 Y-10.0 J-10.0 F1000.0 M09;
N007　G03 X-20.0 Y-20.0 J-20.0;	N016　G90 G00 Z50.0 M05;
N008　G01 Y-50.0;	N017　G40 X0 Y0;
N009　G02 X30.0 Y-30.0 J-30.0;	N018　M30;

【工具通路図】

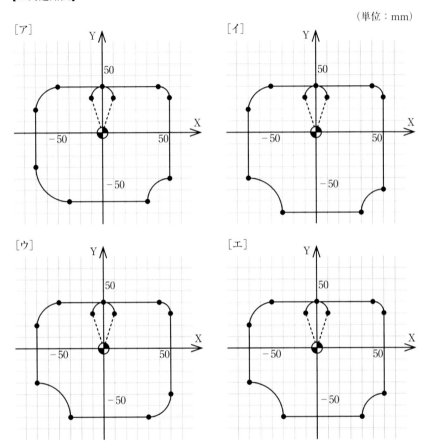

（単位：mm）

設問2　上記の【プログラム】において、工具径補正量として設定できる理論上の最大値はいくつか。

　　ただし、工具径補正量は半径値で設定するものとし、解答は整数値で答えること。

【解説】

　工具径補正を0（ゼロ）として考え、工具の中心を拾っていく。**図8.5.2**にプログラムと経路のずれを示す。

　（ア）は、「N009　G02X30.0Y-30.0J-30.0」とあるがG02（右回り）ではなく、左周りになっている。

　（イ）は、「N008　G01Y-50.0」とあるがY-60.0 移動している。

（ウ）は、「N011　G02X20.0Y20.0I20.0」とあるがG02（右回り）ではなく、左回りになっている。

また、プログラム中の円弧の最小値がR10.0であるので、工具径補正量は半径10.0以下となる。

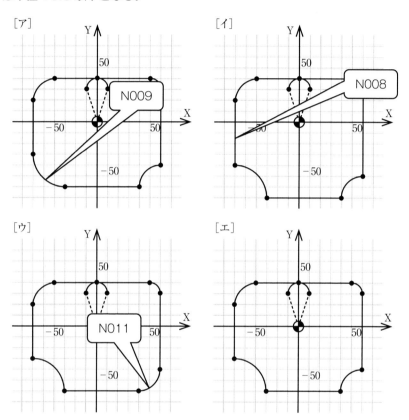

図8.5.2　プログラムと経路のずれ

■問題3

下図に示す工作物を立て形マシニングセンタで加工する際、一般的な加工順序（①～⑩）に対応するものを下記の【語群】の中から一つずつ選び、解答欄に記号で答えなさい。

なお、一部の加工順序については、既に決定済みであるため、解答欄の空欄を埋めること。

ただし、同一記号を重複して使用しないこと。

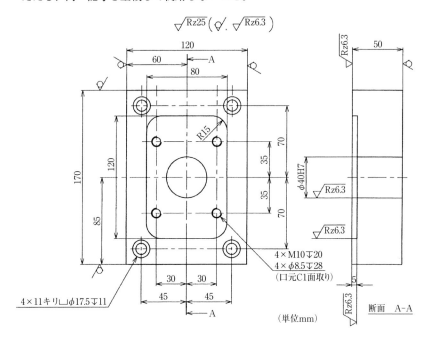

（単位mm）

断面　A-A

【語群】

記号	語句	記号	語句
ア	φ11　ドリル加工	イ	φ40H7　仕上げ加工
ウ	正面フライス加工	エ	ポケット仕上げ加工
オ	φ40H7　下穴加工	カ	φ8.5　ドリル加工
キ	M10　ねじ加工	ク	面取り加工及びもみつけ
ケ	ポケット荒加工	コ	φ17.5　座ぐり加工

【解説】

　②φ40H7下穴加工、⑦のφ17.5座ぐり加工、⑨ポケット仕上げ加工は、すでに決められているため、これを考慮し、切削による負荷が大きい順に工程を考える必要がある。**図8.5.3**に加工工程を示す。下線付きの項目は、すでに決められている順番である。

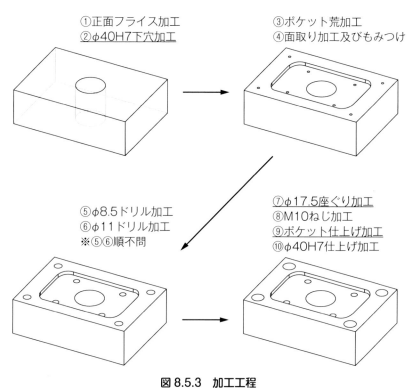

①正面フライス加工　　　　　　　③ポケット荒加工
②φ40H7下穴加工　　　　　　　④面取り加工及びもみつけ

⑤φ8.5ドリル加工　　　　　　　⑦φ17.5座ぐり加工
⑥φ11ドリル加工　　　　　　　⑧M10ねじ加工
※⑤⑥順不問　　　　　　　　　　⑨ポケット仕上げ加工
　　　　　　　　　　　　　　　　⑩φ40H7仕上げ加工

図8.5.3　加工工程

■問題4

　下図に示すような工作物を正面フライス加工する場合について、次の設問1～設問3に答えなさい。

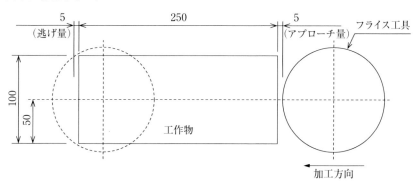

（単位：mm）

【切削条件表】

加工内容	切削速度 (m/min)	1刃当たりの送り (mm/tooth)	主軸回転速度 (min⁻¹)	切削送り速度 (mm/min)
正面フライス φ125　6枚刃	230	0.23	①	②

設問1

　【切削条件表】の①及び②に当てはまる数値を計算により求め、解答欄に数値で答えなさい。ただし、解答は小数点以下第1位を四捨五入して「整数値」とする。

　なお、円周率は3.14とする。

設問2

　工作物とのアプローチ量が5mm、逃げ量が5mmとしたときの切削時間（min）を求め、解答欄に数値で答えなさい。

　なお、解答する数値については、「小数点以下第2位までの値」とすること。

　また、求めた数値に小数点以下第3位の端数が生じた場合は、小数点以下第3位を四捨五入すること。

設問3

　単位時間当たりの切りくず排出量が300 cm³/minの場合の最大切込み量（mm）を設問1で求めた解答値を用いて求め、解答欄に数値で答えなさい。

　なお、解答する数値については、「小数点以下第1位までの値」とすること。

　また、求めた数値に小数点以下第2位の端数が生じた場合は、小数点以下第2位を四捨五入すること。

【解説】

[設問1]

　小数点以下第1位を四捨五入して「整数値」とする、に注意して

①切削速度230 m/min及び正面フライス径125 mmより

$$n = \frac{1000Vc}{\pi D} \cdots\cdots\cdots\cdots n = \frac{1000 \times 230}{3.14 \times 125}$$

$$= 585.987 \cdots\cdots\cdots\cdots 586 \ [\text{min}^{-1}]$$

②1刃当たりの送り0.23 mm/tooth、回転数586 min⁻¹、刃数6枚より

$$Vf = fz \cdot n \cdot z \cdots Vf = 0.23 \times 586 \times 6 = 808.68 \cdots 809 \ [\text{mm/min}]$$

[設問 2]

　小数点以下第 3 位を四捨五入して「小数以下第 2 位までの値」とすること、に注意して次のとおり考える。

　　　　切削距離＝アプローチ量＋材料長さ＋**切削終了時の工具位置**＋逃げ量

　切削距離を算出するのには、切削終了時の工具の位置を計算する必要がある（**図 8.5.4**）。

　図 8.5.5 より、切削距離は 5＋250＋25＋5＝285［mm］となり、これを②で求めた送り速度で割れば切削時間を出すことができる。

　　　　切削時間＝切削距離/送り …… 切削時間＝285/809

　　　　　　　　　　　　　　　　　　　　＝0.3522 …… 0.35［min］

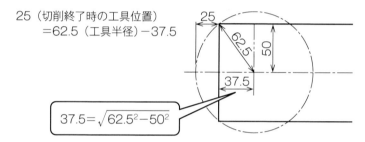

図 8.5.4　切削終了時の工具位置

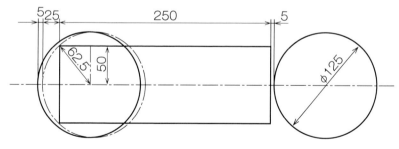

図 8.5.5　切削距離

[設問 3]

$$Q = \frac{ap \times ae \times Vf}{1000}[cm^3/min]$$

　　　ap：切込深さ［mm］

ae：切込み幅［mm］

Vf：送り［mm/min］

切削幅は正面フライス径φ125 mm、材料幅が 100 mm なので ae＝100 mm、送り＝809 mm/min より次のとおり計算できる。

$$Q=\frac{ap\times ae\times Vf}{1000} \quad\rightarrow\quad ap=\frac{1000\times Q}{ae\times Vf}$$

$$=\frac{1000\times 300}{100\times 809}$$

$$=3.708 \cdots\cdots\cdots 3.7\,[mm]$$

■問題 5

立て形マシニングセンタで正面フライス加工、エンドミル加工及びドリル加工を行ったところトラブルが生じた。以下の各「対策項目」について、トラブルが生じた際の対策として適切なものを各【選択肢】から選び、解答欄に記号で答えなさい。

「対策項目」
① 正面フライス加工においてびびりが生じる。
　【選択肢】
　　イ：刃数を減らす。
　　ロ：刃数を増やす。

② 正面フライス加工において焼入れ鋼を切削時、工具寿命が短い。
　【選択肢】
　　イ：CBN チップを使う。
　　ロ：超硬合金チップを使う。

③ 切削中エンドミルがホルダから抜ける。
　【選択肢】
　　イ：ねじれ角の大きいエンドミルに変更する。
　　ロ：ねじれ角の小さいエンドミルに変更する。

④ エンドミル加工において、刃先が欠けた。

【選択肢】

　　イ：ホーニング量が小さいものに変更する。

　　ロ：ホーニング量が大きいものに変更する。

⑤ ドリル加工において、真直度が悪い。

【選択肢】

　　イ：マージン幅が広いものに変更する。

　　ロ：マージン幅が狭いものに変更する。

【解説】

　H31 および H29 問題と内容はほとんど同じだが、「対策項目」は異なっている。合わせて学習することで、理解はより深まるであろう。

　①正面スライスで刃数を増やすには、マシンの馬力が必要となる。馬力不足の場合、びびりが発生する。

　②焼入れ鋼や難削材の加工には CBN チップが有効である。

　③ねじれ角が大きいほうが切れ味はよいが、エンドミルに下向き（抜け落ちる向き）の力がかかる。ねじれ角の大小については 181 ページの図 7.4.10 と図 7.4.11 を参照のこと。

　④ホーニングを大きくすると、刃先強度が上がり工具寿命が向上する。その反面、ホーニングを大きくしすぎると、逃げ面摩耗が発生しやすくなるうえ、切削抵抗が増してびびりが発生しやすくなるなどのデメリットがある。

　⑤ドリルは、マージン幅が大きいほうが真直性や穴の真円度は向上するが、摩擦が発生しやすく工具寿命は短くなる。マージン幅については 191 ページの図 7.5.10 を参照のこと。

■問題 6

　以下は、加工図及びマシニングセンタの加工プログラムを表したものである。この加工プログラムの中に誤りを含んだプログラムが 5 箇所あることが分かった。この誤りが含まれているプログラムを解答欄にシーケンス番号（記入例：N001、N002）で答えなさい。

　なお、加工プログラム中の※印が付いているシーケンス番号には誤りがないも

のとして、解答から除外するものとする。

【加工図】

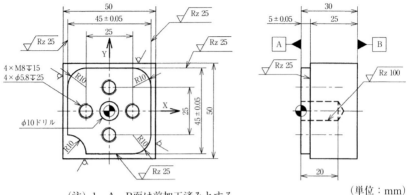

（注）1. A、B面は前加工済みとする。
　　　2. ●は、プログラム原点を示す。
　　　3. 45±0.05幅及び5±0.05段差には、取り代0.5 mmを残し前加工済み。

（単位：mm）

【加工プログラム】

※	%		N025	G80 G00 Z100.0 M05;
※	O0001;	※	N026	T03;
※	N001 T01 ：	※	N027	G91 G30 X0 Y0 Z0;
※	N002 G91 G30 X0 Y0 Z0;	※	N028	M06;
※	N003 M06;			(6.8MM DRILL);
	(20MM END MILL);	※	N029	G90 G54 G00 X0 Y12.5;
※	N004 G90 G54 G00 X37.5 Y40.0 ;	※	N030	G43 Z100.0 H03 M01;
※	N005 G43 Z100.0 H01 M01;		N031	Z2.0 S1200 M03;
	N006 Z-5.0 S1200 M03;		N032	G98 G81 X0 Y12.5 Z-27.0 R2.0 F240.0;
	N007 G41 X22.5 Y40.0 D11;		N033	X-12.5 Y0;
	N008 G01 X22.5 Y-12.5 F200.0;		N034	X0 Y-13.5;
	N009 G02 X12.5 Y-22.5 I-10.0 J0;		N035	X12.5 Y0;
	N010 G01 X-12.5 Y-22.5;		N036	G80 G00 Z100.0 M05;
	N011 G03 X-22.5 Y-12.5 I10.0 J0;	※	N037	T04;
	N012 G01 X-22.5 Y12.5;	※	N038	G91 G30 X0 Y0 Z0;
	N013 G02 X-12.5 Y22.5 I10.0 J0;	※	N039	M06;
	N014 G01 X12.5 Y22.5;			(M8 P1.25 TAP);
	N015 G03 X22.5 Y12.5 I0 J-10.0;	※	N040	G90 G54 G00 X0 Y12.5;
	N016 G40 G01 X40.0 Y12.5;	※	N041	G43 Z100.0 H04 M01;
	N017 G00 Z100.0 M05;		N042	Z5.0 S320 M03;
※	N018 T02;		N043	G98 G84 X0 Y12.5 Z-15.0 R2.0 F400.0;

238

※	N019	G91 G30 X0 Y0 Z0;		N044	X–12.5 Y0;
※	N020	M06;		N045	X0 Y–12.5;
		(10MM DRILL);		N046	X12.5 Y0;
※	N021	G90 G54 G00 X0 Y0;		N047	G80 G00 Z100.0 M05;
※	N022	G43 Z100.0 H02 M01;	※	N048	G91 G28 X0 Y0 Z0;
	N023	Z2.0 S800 M05;	※	N049	M30;
	N024	G98 G81 X0 Y0 Z–23.0 R2.0 F160.0;	※		%

【解説】

N011　G03X–22.5Y–12.5I10.0J0 ;

　　　　　　　　→ G03X–25.5Y12.5**I–10.0**J0 ;

※工具中心ベクトルの間違い。

N015　G03X22.5Y12.5I0J–10.0 ;

　　　　　　　　→ **G02**X22.5Y12.5I0J–10.0

※円弧回転方向の間違い。

N023　Z2.0S800M05 ;　　　→ Z2.0S800**M03**

N034　X0Y–13.5　　　　　→ X0**Y–12.5**

N043　G98G84X0Y12.5Z–15.0R2.0F400 ;

　　　　　　　　→ G84X0Y12.5**Z–17.5R5.0**F400 ;

※不完全ねじ部を考慮して、2山分ほど深めに加工。R点（アプローチ）

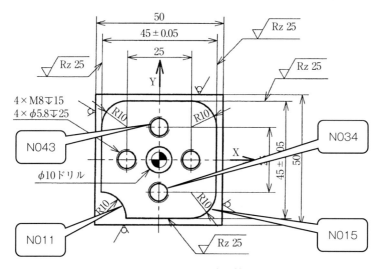

図 8.5.6　間違い箇所

もピッチ誤差を考慮して大きめにとる（通常 5 mm 程度）。

図 8.5.6 に間違い箇所を示す。

8.6　平成 29 年度問題

■問題 1

治具・取付具の使用目的及び注意点は、下記のとおりである。次の記述中の（　①　）～（　⑧　）に当てはまる語句を下記の【語群】の中から一つずつ選び、解答欄に記号で答えなさい。

ただし、同じ記号を重複して使用しないこと。

・締付け箇所の数はなるべく（　①　）する。

・加工支持部分がなるべく（　②　）から見えるようにする。

・加工物の取り付け、取り外しが（　③　）に、しかも素早くできるようにする。

・できるだけ（　④　）を使う。

・黒皮部分を収容する治具・取付具は位置決め部分を（　⑤　）にする。

・取付具の（　⑥　）がはかれること。

・材質や形状などによって締付け圧力を（　⑦　）できること。

・（　⑧　）の方向を検討して、締め付け方法を決定すること。

【語群】

記号	語句	記号	語句	記号	語句
ア	切削力	イ	締付け力	ウ	内部
エ	簡単	オ	複雑	カ	固定式
キ	共有化	ク	少なく	ケ	加減
コ	外部	サ	規格品	シ	多く
ス	特殊品	セ	可動式	ソ	専用化

【解説】

解答のとおりである。『黒皮部分を収容する治具・取付具は位置決め部分を「可動式」にする。』の意味のとらえ方に悩むが、黒皮は材料により厚みが違うので、位置決め部分を「可動式」にすると判断できる。

■問題2

以下の設問1及び設問2に答えなさい。

設問1

下記の【プログラム】によりXY平面における工具通路図として、正しいものを【工具通路図】の中から1つ選び、解答欄に記号で答えなさい。

ただし、工具径補正量は0（ゼロ）とし、X軸・Y軸はプログラム原点（◗）にあるものとする。

【プログラム】

O 0001;	
N001　G17 G90 G00 X0 Y0;	N009　G03 X20.0 Y-20.0 I20.0;
N002　G91 G41 X30.0 Y-10.0 D01;	N010　G01 X50.0;
N003　G03 X10.0 Y10.0 J10.0 F500;	N011　G02 X20.0 Y20.0 I20.0;
N004　G01 Y30.0;	N012　G01 Y30.0;
N005　X-20.0 Y20.0;	N013　G03 X-10.0 Y10.0 I-10.0;
N006　X-40.0;	N014　G40 G00 X-30.0 Y-10.0;
N007　G02 X-30.0 Y-30.0 I-30.0;	N015　M30;
N008　G01 Y-50.0;	

【工具通路図】

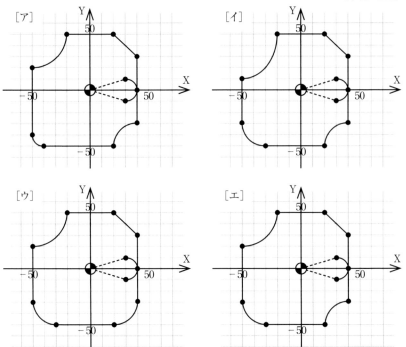

設問2

　上記のプログラムにおいて、工具径補正量として設定できる理論上の最大値は
いくつか。

　ただし、工具径補正量は半径値で設定するものとし、解答は整数値で答えること。

【解説】

　工具径補正を0（ゼロ）として考え、工具の中心を拾っていく。**図8.6.1**
にプログラムと経路のずれを示す。

　（ア）は、「N009　G03X20.0Y-20.0I20.0」とあるが「G03X10.0Y
-10.0I10.0」になっている。（イ）は、「N007　G02X-30.0Y-30.0I-
30.0」　と　あ　る　が　Y-40.0 移 動 し て い る。（ウ）　は、「N011
G02X20.0Y20.0I20.0」とあるがG02（右回り）ではなく、左回りにな
っている。

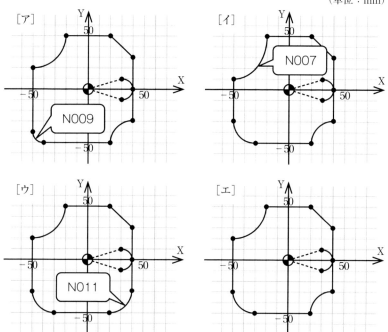

（単位：mm）

図 8.6.1　プログラムと経路のずれ

また、プログラム中の円弧の最小値が R10.0 であるので、工具径補正量は半径 10.0 以下となる。

■問題３

立て形マシニングセンタで正面フライス加工及びエンドミル加工を行ったところトラブルが生じた。以下の各「対策項目」について、トラブルが生じた際の対策として適切なものを各【選択肢】から選び、解答欄に記号で答えなさい。

「対策項目」

①　正面フライス加工において平面度が悪い。

【選択肢】

　　イ：コーナ角が大きいものに変更する。

　　ロ：コーナ角が小さいものに変更する。

② ツールパスの境界に段差が生じた。

【選択肢】

イ：剛性の高いホルダに変更する。

ロ：剛性の低いホルダに変更する。

③ エンドミル加工において、コーナ加工時にびびりが生じた。

【選択肢】

イ：等分割・等リードエンドミルに変更する。

ロ：不等分割・不等リードエンドミルに変更する。

④ エンドミル加工において、肩削り加工で刃先が欠けた。

【選択肢】

イ：スクエアエンドミルを使用する。

ロ：ラジアスエンドミルを使用する。

⑤ エンドミル加工において、側面（仕上げ面）にうねりが生じた。

【選択肢】

イ：強ねじれのエンドミルに変更する。

ロ：弱ねじれのエンドミルに変更する。

【解説】

　H31 および H30 問題とほとんど同じ内容だが、「対策項目」はそれぞれ異なっている。合わせて学習することで、理解をより深めて欲しい。

　①コーナー角が大きい→切込み角小さい→切刃長さが長くなる→びびりが発生しやすい（**図 8.6.2**）。

　コーナー角が小さい→切込み角大きい→切刃長さが短くなる→びびりが発生しにくい（**図 8.6.3**）。

　②剛性の低いホルダは工具が振られて安定しない。

　③不等分割・不等リードのエンドミル（207 ページの図 7.6.8 参照）は、ねじれ角が一定でないエンドミルで、周期性をなくし、切りくずの飛散方向を拡散し、びびりを軽減できる。

　④角に R を施したラジアスエンドミルが有効である。

　⑤強ねじれのエンドミルは切れ味はよいが、加工面にうねりや倒れが発生する。

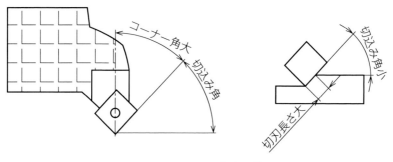

図 8.6.2 コーナー角大の様子

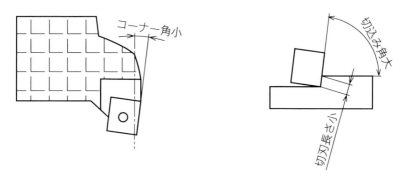

図 8.6.3 コーナー角小の様子

■問題4

　以下は、加工図及びマシニングセンタの加工プログラムを表したものである。加工プログラムの中に誤りを含んだプログラムが5箇所あることが分かった。この誤りが含まれているプログラムを解答欄にシーケンス番号（記入例：N001、N002）で答えなさい。

　なお、加工プログラム中の※印が付いているシーケンス番号は、解答から除外するものとする。

【加工図】

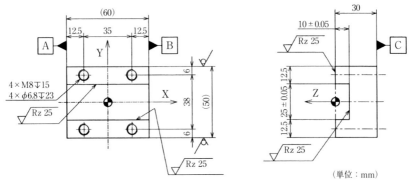

（単位：mm）

（注）1. A～C面は前加工済みとする。
2. ⬤は、プログラム原点を示す。
3. 溝幅25、深さ10は、取り代0.5 mmを残し前加工済み。

【加工プログラム】

※	%		※	N023 G80 G00 Z100.0 M05;
※	O0001;		※	N024 T03;
※	N001 T01;		※	N025 G91 G30 X0 Y0 Z0;
※	N002 G91 G30 X0 Y0 Z0;		※	N026 M06;
※	N003 M06;			(M8 P1.25 TAP);
	(20MM END MILL);		※	N027 G90 G54 G00 X-17.5 Y19.0;
※	N004 G90 G54 G00 X45.0 Y0;		※	N028 G43 Z100.0 H03 M01;
※	N005 G43 Z100.0 H01 M01;			N029 Z5.0 S320 M03;
	N006 Z-10.0 S1200 M03;			N030 G98 G82 X-17.5 Y19.0 Z-18.8 R5.0 F400.0;
	N007 G41 Y12.5 D11;			N031 X17.5 Y19.0;
	N008 G01 X-35.0 F200.0;			N032 X17.5 Y-19.0;
	N009 Y-12.5;			N033 X-17.5 Y-19.0;
	N010 X45.0;			N034 G80 G00 Z100.0 M05;
	N011 G00 G41 Y0;		※	N035 T04;
	N012 G00 Z100.0 M05;		※	N036 G91 G30 X0 Y0 Z0;
※	N013 T02;		※	N037 M06;
※	N014 G91 G30 X0 Y0 Z0;			(100MM FACEMILL);
※	N015 M06;		※	N038 G90 G54 G00 X85.0 Y0;
	(6.8MM DRILL);		※	N039 G43 Z100.0 H04 M01;
※	N016 G90 G54 G00 X-17.5 Y19.0;			N040 Z0 S400 M03;
※	N017 G43 Z100.0 H02 M01;			N041 G01 X85.0 F190.0;
	N018 Z2.0 S1200 M03;			N042 G00 Z100.0 M05;
	N019 G98 681 X-17.5 Y19.0 Z-25.0 R2.0 F240.0;		※	N043 G91 G28 X0 Y0 Z0;
	N020 X17.5 Y19.0;		※	N044 M30;
	N021 X17.5 Y-19.0;		※	%
	N022 X-17.5 Y19.0;			

【解説】

N008　G01X-35.0F200.0；　　　　　　　→ G01**X-45.0**F200.0；

※φ20 エンドミルを使用しているので、加工終了点 X-30.0 に工具半径
10 mm と逃げ量 5 mm を加えて X-45.0 となる。

N011　G00G41Y0；　　　　　　　　　　→ G00**G40**Y0；

※ G41 使用後の G40 キャンセル

N022　X-17.5Y19.0；　　　　　　　　　→ X-17.5**Y-19.0**；

N030　G98G82X-17.5Y19.0Z-18.8R5.0F400.0；

　　　　　　　　→ G98**G84**X-17.5Y19.0Z-18.8R5.0F400.0；

※ 4 ブロック前に（M8P1.25TAP）とあるため、G82（ドリルサイク
ル）ではなく、G84（タッピングサイクル）である。

N041　G01X85.0F190.0；　　　　　　　→ G01**X-85.0**F190.0；

※φ100 正面フライスを使用しているので、加工終了点 X-30.0 に工具
半径 50 mm と逃げ量 5 mm を加えて X-85.0 となる。

8.7　2級実技試験─計画立案等作業試験　解答

平成 31 年度問題

問題 1

設問 1	設問 2
ウ	10 mm

問題 2

加工順序	①	②※1	③※1	④	⑤	⑥
記号	【サ】	エ	カ	シ	【オ】	イ
加工順序	⑦	⑧※2	⑨※2	⑩	⑪	⑫
記号	【ク】	ウ	ア	【ケ】	コ	【キ】

※1　加工順序②③は順不同。
※2　加工順序⑧⑨は順不同。

問題3

設問1		設問2	設問3
①	②		
637 min⁻¹	796 mm/min	0.29 min	4.4 mm

問題4

①	②	③	④	⑤
イ	イ	ロ	ロ	ロ

問題5

シーケンス番号	N008	N019	N025	N033	N046

※ 順不同。

平成30年度問題

問題1

ア	エ	カ	ク	コ

※順不同

問題2

設問1	設問2
エ	10 mm

問題3

加工順序	①	②	③	④	⑤※
記号	ウ	【オ】	ケ	ク	カ
加工順序	⑥※	⑦	⑧	⑨	⑩
記号	ア	【コ】	キ	【エ】	イ

※ 加工順序⑤⑥は順不同。

問題4

設問1		設問2	設問3
①	②		
586 min⁻¹	809 mm/min	0.35 min	3.7 mm

248

問題5

①	②	③	④	⑤
イ	イ	ロ	ロ	イ

問題6

シーケンス番号	N011	N015	N023	N034	N043

※　順不同。

平成29年度問題

問題1

①	②	③	④	⑤	⑥	⑦	⑧
ク	コ	エ	サ	セ	キ	ケ	ア

問題2

設問1	設問2
エ	10 mm

問題3

①	②	③	④	⑤
ロ	イ	ロ	ロ	ロ

問題4

シーケンス番号	N008	N011	N022	N030	N041

※　順不同。

◎著者略歴

藤根　和晃（ふじね　かずあき）

滋賀職業能力開発促進センター　機械系　主任職業訓練指導員

職業能力開発大学校（現職業能力開発総合大学校）卒業後、1994（平成6）年に雇用促進事業団（現高齢・障害・求職者雇用支援機構）入団。小浜職業能力開発促進センターを皮切りに新潟職業能力開発促進センター、京都職業能力開発促進センター、京都職業能力開発短期大学校、関西職業能力開発促進センター、近畿職業能力開発大学校を経て、2022（令和4）年4月、滋賀職業能力促進センターに異動、現在に至る。同センター機械加工技術科では、機械加工、測定検査を担当。旋盤をはじめフライス盤、マシニングセンタなどを用いた加工法ならびに保守管理を教授している。

1994年、職業訓練指導員免許（機械科、メカトロニクス科）取得
2000年、1級機械技能士取得
2024年、特級機械加工技能士取得

・本書は、中央職業能力開発協会の許諾を得て制作しました。
・無断複製を禁止します。
・解説等については、著者の判断で作成しました。

攻略！「マシニングセンタ作業」技能検定試験
〈1・2級〉学科・実技試験　　　　　　NDC 532

2021年5月20日　初版1刷発行
2024年9月30日　初版6刷発行

（定価はカバーに表示してあります）

ⓒ　著　者　　藤根　和晃
　　発行者　　井水　治博
　　発行所　　日刊工業新聞社
　　　　　　　〒103-8548　東京都中央区日本橋小網町14-1
　　電　話　　書籍編集部　03（5644）7490
　　　　　　　販売・管理部　03（5644）7403
　　ＦＡＸ　　03（5644）7400
　　振替口座　00190-2-186076
　　ＵＲＬ　　https://pub.nikkan.co.jp/
　　e-mail　　info_shuppan@nikkan.tech
　　印刷・製本　美研プリンティング㈱（5）